UNIVERSAL AGRICULTURE

ユニバーサル農業

～京丸園の農業／福祉／経営～

Suzuki Atsushi
鈴木 厚志

創森社

主力ブランド野菜の芽ネギ

未来を拓くユニバーサル農業～序に代えて～

かつて、障がいのある若者が就職するとき、その親御さん、特別支援学校の先生、福祉関係者、そして本人は、雇い主に何度も頭を下げていました。

「この子には、障がいがあるんですが、雇っていただけませんか？」

「お願いです。なんとかここで働かせてください！」

私もそんなシーンを何度も目にしてきました。

ところが、あるとき、うちに生徒を連れてきた先生は、決して頭を下げませんでした。逆に胸を張って、こう言うのです。

「うちと組んで、生徒を採用しませんか？　今お宅でやっている仕事を、『もっときれいに・早く・そして低コスト』でやってみせますよ」

「えっ、本当ですか？」

今よりもきれいに早く作業ができて、なおかつ人件費が抑えられたら、確実に利益が上がります。私たち経営者にとってそれは願ってもない話です。そして、その先生が連れてきた生徒と一緒に働き、雇用して手応えを感じ、さらに障がい者雇用を進めるうちに、京丸園は大きく変わりました。

あの日、先生が言ったことは本当だったのです。

田んぼのアイガモ（土耕部）

＊

私たちが、初めて障がいのある高校生の職場体験を受け入れたのは１９９６年。当時は祖父母、両親、私と妻の６人と４人のパートタイマーが働く小さな農園で、水耕栽培で育てるミツバが中心でした。それをきっかけに、1年に一人のペースで障がい者雇用を増やしてきました。

現在、京丸園には水耕部、土耕部、心耕部という三つの部署があり、水耕部ではブランド野菜「京丸姫ねぎ」「京丸ミニちんげん」「京丸姫みつば」などを栽培。土耕部では、田んぼにアイガモを放して無農薬でお米を栽培したり、畑でサツマイモ、ニンジンなどを栽培しています。そして心耕部には、福祉に精通した従業員と障がい者たちが所属しています。部署名は「作物のために土や水を耕すように、私たちの心も耕そう」という思いから名づけました。

２０２２年10月現在、総数１０２名、うち80人が健常者、22人が障がい者で、全体の４分の１を障がいのある人たちが占めています。さらに特例子会社から10名、地域の福祉施設から６名の障がい者が業務委託という形で働いています（２０２２年10月末現在）。

＊

京丸園では、障がいのある人たちの雇用を守るために、一年中コンスタントに安定的に栽培できる作物を選んでいます。それには、

①水耕栽培が可能【計画性】
②回転率が高い【年間同じ作業】

ミニチンゲンサイの収穫

③他の農家がつくっていない【独自性】
ことが条件です。現在、水耕部では平均して年間15サイクルで作物を栽培しています。商品そのもののオリジナリティもさることながら、この回転率で栽培し、出荷できる仕組み、農業技術もまた私たちの強みなのです。

こうして京丸園で栽培されたミニ野菜は、地元のＪＡとぴあ浜松からＪＡ静岡経済連を通して全国44の市場へ毎日送られています。東京と大阪の中間地点に位置する浜松は、物流的にも有利で、販売先は関東地方が60％、関西方面が25％、その他が15％。北海道から九州まで届けています。

家族経営だった頃、６５００万円前後だった年商は、４億円へ。６倍以上に伸びました。新たに障がい者を雇用するたび、私たちは新たな課題を突きつけられました。それを福祉の目線や発想をとり入れて、「ユニバーサル農業」の視点で克服してきたのです。創意工夫で課題をなんとか乗り越えるたび、農作業効率と生産性は上がり、売り上げも着実に伸びてきました。

私たちは初めて障がい者を農園に迎え入れた日から、「農業者はもっと変わらなければ」と、特別支援学校の先生に教えられたのです。

＊

私たち農業者は、誰かを採用するとき、自分と同じように一連の作業ができなければ、「採用できません」と断ってしまいがちです。ところが福祉の人たちは、彼らを切り捨てることはしません。「なんとかこの子を就職させたい」、「社会の役に立つにはどうすれば

ハウスでの芽ネギの収穫作業

いいのか」を考え続けます。福祉の大きな視点として、作業手順を明確化、標準化するための「作業分解」と「作業指示」があります。できる人を探そうとしている私たちとは視点が、明らかに違うのです。

障がい者と健常者、どちらが変わりやすいのか？　そう考えると明らかに健常者のほうが変わりやすい。相手よりも自分を変えるほうが楽なはず。だとしたら、変わるのは自分じゃないだろうか？

手の不自由な人に「もっと動かせ」というのは無理があります。だとしたら、その手をサポートする機械や仕組みをつくればいい。そこには機械メーカーの技術も必要です。さらに安定的に雇用するために、行政やそれまでつながりのなかった一般企業とも連携するようになりました。私たちは、ユニバーサル農業という視点を得たことで、「変わるのは自分だ」と学びました。そして農園自体も大きく変わったのです。

ユニバーサル農業は、ただ単に障がいのある人を雇い入れ、弱者を守るためだけの農業ではありません。農業者自身が、彼らを通してそれまでになかった視点と着想を得て変わっていく。ともに働きながら生産性、収益性を上げ、そして持続可能性をベースにして、未来を切り開く農業です。

２０２３年１月20日

鈴木　厚志

もくじ

ユニバーサル農業
〜京丸園の農業／福祉／経営〜

第3章 福祉の世界から教えられたこと　41

UNIVERSAL AGRICULTURE

第4章

UNIVERSAL AGRICULTURE

ともに働くためのノウハウ共有

第5章

UNIVERSAL AGRICULTURE

ユニバーサルな野菜と農業機械

第6章
UNIVERSAL AGRICULTURE

地域での連携と農業経営の捉え方

第7章 UNIVERSAL AGRICULTURE 持続可能なユニバーサル農業へ 137

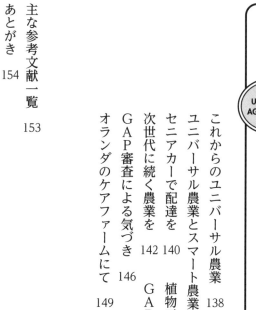

第1章

UNIVERSAL AGRICULTURE

ユニバーサル農業の打ち出すもの

農業形態を強くするために

京丸園が、初めて障がい者を受け入れたのは1996年。今から四半世紀以上前のことでした。それ以来、障がいのある若者たちや、彼らを支える親御さん、特別支援学校の先生たち、そして福祉の専門家たちとの出会いは、私と京丸園の経営を大きく変えました。彼らと出会ったことで気づいたこと、教えられたこと、そこから生まれた新しい視点や発想が、私たちの農園を成長に導いてくれたのです。

ですから私は、マンパワーとしての障がい者を雇用するだけでなく、農業経営に福祉的な視点や考え方をとり入れることが、さらに農業を強く発展させる可能性を秘めていると感じています。

今、日本では全国的に「農福連携」の動きが進んでいます。農業と福祉が手を取り合い、互いに協力しあって互いの目標を目指す方法です。福祉施設が農地を借りて野菜を栽培し、惣菜をつくって販売する。福祉を出発点としてスタートするケース。その中にはオリーブ、ワインやチーズなど本格的な農産加工品をつくって、高い評価を得ている団体もあります。それから私たち京丸園のように、もともと農業生産を行っていて、その仲間として障がい者を迎え入れたことで、生産量を伸ばしているケースもあります。

しかし、私にとって「福祉」という言葉はどうしても、「立場の弱い人たちを、そうでない人が助ける」というイメージが先立つと感じています。そうではなく、「強い農業形態をつくるために、福祉・障がいのある人たちの力を借りる」というスタンスをもっと明確に打ち出したい。そこであえて「ユニバーサル農業」という言葉を使っています。

これまでの農業に、福祉関係の人たちの知恵やマンパワーが加わったら、売り上げや利益が増える、栽培面積を拡大できる、ゆとりの時間が増えるなど、具体的にどう変わるのか、きちんとした数値や見える形で検証し、ユニバーサル農業を一つの「経営戦略」として共有していきたいのです。

ユニバーサル農業とは

そもそも「ユニバーサル農業」とは何でしょう？それは、アメリカの「ユニバーサルデザイン」というコンセプトをベースに生まれた概念です。

「ユニバーサル＝universal」とは、「普遍的な」「全体の」という意味をもつ言葉です。ですからユニバーサルデザインは、「すべての人のためのデザイン」。つまり年齢や性別、国籍、人種の違い、障がいの有無などに関係なく、できるだけ多くの人が利用できるようにデザインすることを意味しています。

それは1980年代に、アメリカ・ノースカロライナ州立大学で、建築や物体のデザインを研究していたロナルド・メイス教授によって提唱されました。自身も障がい者である彼は、「障がい者など、特別な人のための対応」と考えるバリアフリーに違和感を抱き、気持ちの上でのバリアを取り払ったデザイン手法を研究していたのです。

それを日本の農業現場で具現化し、実践していくためには、何が必要で、どんな方法があるのでしょう？　これまでの私の経験の中から、一つ一つ紐解いていきたいと思います。

祖母の最期

私の祖母は大正生まれで、92歳のときに亡くなりましたが、生涯現役でした。90歳を過ぎても自宅で過ごし、日常生活を送っていました。

ある日、いつものように畑仕事から戻ってきて、「少し疲れたから休むわ」と言って、横になりました。家族と暮らした住み慣れた家で、眠るように。

社員の集合（2002年）。前列左から４人目が祖母のゆきおばあちゃん（右端が著者）

なんと美しい最期なのでしょう。あっぱれおばあちゃん！　自分もこんな最期を迎えられたら、どんなにしあわせだろうと思いました。私たちのように農業で身を立てている人間は「畑で死ねたら本望」と思っている人は、少なからずいるのではないでしょうか。

かたや今どきの若者に、「どんなふうに死にたい？」と訊くと、たいていの人は、「定年まで働いて、退職後はのんびり過ごして、体に不具合が出てきたら、高齢者施設か病院に入って、そこで看取られていくのでしょう」と話します。たしかに現代社会では、それが一般的な死に方で、自宅で身罷《みまか》るなんて、想像できないのかもしれません。

でも、私の祖母ゆきは90歳を過ぎても、毎日外に出て庭や畑で草を抜いていました。すると仲間や家族から「おばあさん、ありがとう」と言われたり、通りがかりの近所の人が「こんにちは。今日も暑いですね」「精が出ますね」と声をかけてくれました。草を一本でも抜けば「ありがとう」と言われる。たとえ、ささやかなことでも誰かの役に立っていて、それが生きる張り合いにつながる。

農業には、単に農作物を生産・販売するだけでなく、障がいのある方や、高齢な方にも、無理なく働く場を与える要素がたくさんあるのです。そしてそれが社会との接点を生み出す。そんな懐《ふところ》の深さがあるように感じます。

農家という経営体

浜松で代々続く農家の十三代目として生まれ、20歳で就農した私は、経営がまったくわかっていませんでした。30歳で静岡経営塾に通い始めて経営について学んで自らの経営を見直し、40歳になったときの2004年、京丸園を法人化しました。

改めて言いますが、私自身、すべての農家が法人化に向いているとは考えていません。私たちは結果的に法人化の道を選びましたが、むしろどちらかといえば、今でも農業は家族経営のほうが適しているように思います。

そもそも、なぜ人間は数千年もの長い間、農業を続けることができたのでしょう？　それはきっと家族経営が中心だったから。昔は保育園も福祉施設も高齢者施設もありませんでした。それでも新生児や乳幼児、障がいのある人、お年寄り……みんな家で見てきました。農家の中に、子どもや障がい者や高齢者を受け入れる土壌があったわけで、そもそも農業そのものがさまざまな年齢や性別、事情を抱えた人たちを受け入れて、一緒に持続できる産業だったわけです。

かつて農家では3～4世代が同居して、それぞれ役割をもって作業にあたっていました。家族だけでなく、親戚縁者、ときには使用人や村の共同体の人たちも含めて、多様な年齢層、男女比、高齢者、障がい者もひっくるめて、みんな一緒に働いていた。だから、日本の農業は強かったのだと思います。

お年寄りは、体が衰えてもそれなりに、庭の草取り、漬け物づくり、豆の選別、竹細工や手仕事いろいろ……家の中に役割があったわけで、終戦直後の1940年代後半頃までは、家族経営が農業の主流でした。

では、なぜ日本の農業は衰退してしまったのでしょう？ それは、工業や商業、サービス業の発展と同時に家族構成が変化してしまったからではないでしょうか。核家族が基本になり、育児や福祉、医療が細分化された今、これを再構築するにはどんな方法があるのでしょう？ そう考えたときに思いついたのは、時代の波に合わせて、規模拡大や法人化を進めながらも、多様な年齢、性別、事情をもつ人を受け入れて、人工的に昔の家族経営的な組織をつくって、営農を続けていくスタイルです。

今、京丸園で働く人は、約100人。16歳から86歳まで幅広い年齢層の人たちが働いています。障がいのある人を毎年一人ずつ雇用し、現在24名（実習生2名を含む）の人たちが働いています。私たちが目指すユニバーサル農業は、かつて日本の農業を支えていた家族経営を、現代社会に適した形で再現することなのです。

園芸療法から気づいたこと

芽ネギの栽培を始めた28～30歳の頃、私にはさまざまな出会いがありました。例えば、当時日本で広がり始めていた、園芸療法について学んだのもこの頃でした。

あるとき、静岡県西部農林事務所の職員がうちを訪ねてきて、

「鈴木さん、園芸療法ってご存じですか？」

「何ですか？ それは」

「花やハーブの香りで、病気や障がいのある人を癒やす。そんな面白い分野なんですよ」

「へえ」

1990年代前半、アメリカには、植物や音楽、動物を介したセラピー（療法）の専門家がいて、そ

障がいのある人たちによる花苗の仮植え作業（フラワービレッジ倉渕生産組合）

れぞれ福祉施設や病院で活躍しているけれど、日本にはまだ認定資格がなく、福祉の専門家や農家の人たちが自発的に始めた頃でした。当時はその先駆けとして、群馬県倉渕村（現・高崎市倉渕町）のフラワービレッジ倉渕生産組合の近藤龍良《たつよし》さん、まなみさん親子が取り組みを実際に始めていました。

「私たちが育てている植物で、いろんな人を癒やしたり、リハビリの役に立つなんて、面白い」

と思い、あちこち講座や勉強会に出かけて行きました。そして、とある勉強会の会場で、講師の先生に質問しました。

「園芸療法で症状が改善した人は、その後どうするんですか？」

「今の日本では、園芸療法でリハビリを受けて症状がよくなっても、その人が働ける受け皿がありません。そこが問題なんです」

「ええーっ！」

「鈴木さん、あなた農業をやっているなら、園芸療法そのものよりも、そういう人を受け入れて働ける場所をつくったほうがいいと思いますよ」

「なるほど」

そんなやりとりをした後、私も調べてみました。産業別の自殺者の割合を見ると、農業というのは自殺率が高いのです。常日頃植物に癒やされているはずなのに、農業をやっている人には自殺者が多い。もし、植物に人を幸せにしたり、癒やす力があるなら、いつも植物に触れ合いながら働いている農業従事者が、自ら命を断つのはおかしいじゃないか。

そこでまた考えました。もしかすると植物が直接人を癒やすわけじゃないのかもしれない。おそらく、植物を介してまた別の人とかかわることで、人もまた癒やされるのではないだろうか？　栽培することや、できた野菜や花を買ってもらうこと、見たり味わっていただくことで、「おいしい」「きれいだ」と言ってもらえる。植物を介してつながった人との関係性で人は癒やされたり、立ち直ったりする。それが本当のところじゃないだろうか？

結局、農業というのは、まだまだ機械化されにくい部分が多く、人の手が必要なのもたしかです。そういう意味で人とつながれるチャンスのある農業は、すごく大きい産業なのだと思います。そのとき私は思いました。

「これだ！」

自分は京丸園の規模を拡大していきたい。それには働き手が欲しい。そこに園芸療法的な要素を盛り込んでいきたい。病院や施設で立ち直ったり、回復したりした人たちに働く場を提供することで、可能性を見いだしていきたい。そう考えるようになりました。

オランダの福祉農園

「オランダには、障がいのある人が１００人も働いていて、着実に利益をあげている農園があるそうですよ」

「えっ、それが本当なら見にいこう」

そんなうわさを耳にして、県の職員の方に農園の名前や所在地を調べていただき、現地へ赴いたのは2003年。南ホラント州レイスウェイクのクウェケライ・デ・シオンスガールデ（Kwekerij De Sionsgaerde）を訪ねました。

実際に訪ねてわかったのは、そこが福祉農園だということ。私はそれを聞いた途端、

「ああ、民間の農業施設ではなく、公的補助を受けている福祉農園なら、利益は出るだろうな」

とがっかり。すっかりテンションが下がってしまいました。ところが、そこでマネージャーを務めるクレメンド・ノーテンボーンさんによると、

「僕がここに来る前は、この福祉農園は赤字だったんだけど、僕が来てからメキメキ売り上げを伸ばして黒字になったんだよ」

というのです。最初は期待外れでがっかりしていた私も、

「なになに？　その話、もっと聞かせてください」

と興味津々。そしてそれは、私たちにとっても、目からウロコが落ちる。そして希望がわいてくる話でした。

「大きく・高く」から「小さく・安く・たくさん」へ

シオンスガールデではアイビーの鉢植えを栽培しているのですが、ノーテンボーンさんが来るまでは、他の農園と同じ品種で同じサイズの鉢植えを生産して出荷していたそうです。

いくら人手が多くても、プロの農家と同じものをつくっていたら勝てるはずがない。市場に出荷しても二番手、三番手で、なかなか一番になれなくて、結局赤字になっていたそうです。

「ところが、僕が来てから、作物も人も入れ替えずに黒字になったんだ」

「ええーっ！　いったいどうやって赤字から黒字になったんだい？」

もう身を乗り出して聞いていました。

それまでは、他の農家と同じように大鉢仕立てのアイビーをつくっていたそうです。それでは他の農家になかなか勝てません。そこでノーテンボーンさんは考えました。

「他の農園は、できるだけ人を減らしたい。だから単価を上げるために大きな鉢で出荷している。だけどうちには100人も人がいるじゃないか。これを活かさない手はない。うちは人がたくさんいるんだから、小さい鉢でいいんじゃないか。小さく、安く、できるだけたくさん。他の農家がやりたがらない分野を、あえて開拓していこう。ニーズはきっとあるはず」

そう考えたノーテンボーンさんは、アイビーを大鉢から小鉢に替えて売り出しました。そのまま市場に出荷しても、安値しかつかないので、その小さなアイビーを組み合わせてクリスマスツリーをつくって、高級ホテルの担当者へプレゼンテーションしたところ、なんとみんなでつくったミニアイビーのクリスマスツリーは、即採用されたのです。まさにデザインの力です。

彼は私に言いました。

「障がいのある人が、一般の農家と同じものをつくって勝負して、勝てると思う？　普通は勝てないよ。だけど農業にはたくさんの打つ手があるんだから、わざわざ同じ商品をつくって勝負しなくたっていい。みんなが大鉢で勝負するなら、僕らは小さな鉢で勝負しよう。そうすれば他の農家と差別化でき

初めて訪問したとき（2003年）のノーテンボーンさんとシオンスガールデオリジナルのクリスマスツリー

る」

あえて同じ土俵に上がらない。差別化を図って自分たちの生きる道を探っていく、「戦わない戦略」が必要なのだと教えられました。

私たちは、2004年に開催された「第4回園芸福祉全国大会inしずおか」に、ノーテンボーン夫妻をお招きして、ノーテンボーンさんに講演をお願いしました。

2019年、オランダを訪問した際のノーテンボーン夫妻

その後も日本へ家族で遊びに来たり、2019年には私たちがオランダへ赴いてお会いしてきました。その後、シオンスガールデは、ノーテンボーンさんの退任とともに閉鎖されましたが、農と福祉を融合させる先駆者として学ぶことが多く、20年来のおつきあいを続けています。

京丸園のユニバーサル農業

さて、ユニバーサル農業を目指す京丸園では、1年に一人のペースで毎年障がいのある仲間たちが加わります。新しい仲間が加わると、何かしら新しい問題が起こります。それでも「この人を雇ったのは失敗だった」と考えるのではなく、実際にその人が現場で働き始めてみると、それまで気づかずにいた農園の問題が浮かび上がってくるのです。その問題にぶつかり、気づいたとき、現場の責任者や経営者は、どうすればよいのでしょう?

もし、その人が仕事のペースが遅かったら、「もう少し早く」と言う人もいるでしょう。でも私たちは、これまで20人以上の障がい者を迎え入れ、一緒に働くうちに、自分たちの中で常識化していた仕事の段取りや方法を、相手に押しつけるのではなく、「どうすればこの人が、この仕事ができるようになるだろう?」と、「人を変えようではなく、働きの場、仕組みを変えよう」と考えるようになりました。そしてそこから新しい作業動線を考えたり、作業しやすい半自動の作業機械も生まれました。農作業が効率化されていくことで売り上げも伸び、経営面にもいい形で反映されています。

農業の現場で、ユニバーサルデザインを実践していくには、すでにできている「仕事に人を合わせる」のではなく、「人に合わせて仕事を変える」。そんな発想が必要なのです。

私の祖母の生き方、昔の農家・農村、園芸療法、オランダの福祉農園……。はじまりややり方はそれぞれ違いますが、その端緒は、私たちの暮らしや営みの中に、隠れているのだと思います。

障がい者たちが気づかせてくれた農園の問題点や課題は、農園をさらに良くするチャンスでもあります。農業の現場で、障がいのある人たちがより働きやすくなるためには、どうすればよいか。真剣に考え、みんなで知恵を出し合えば、一歩ずつ「昨日より働きやすい職場」「昨日より優しい職場」とアップデート(最新版)にすることができます。そして多様な人たちが活躍できる農業現場をつくれる――それがユニバーサル農業への第一歩なのです。

第2章

UNIVERSAL AGRICULTURE

家族経営から ユニバーサル農業へ

■京丸園のはじまり

京丸園は、静岡県浜松市を流れる天竜の川近くにあります。商品を全国へ発送しているので、取引先の方から時々「京都の農園ですか?」と尋ねられることもありますが、代々この場所で農業を営んでいて、私で十三代目になります。ではなぜこの屋号なのでしょう? それは「遠州七不思議」の一つ、「京丸牡丹」という伝説に由来しています。

浜松市の北部に京丸山という山があります。標高1469m。尾根筋にはブナやミズナラの原生林が連なり、ミヤマムラサキやシロヤシオが咲く、自然豊かな場所です。

《京丸牡丹の伝説》

むかしむかし。京丸山の集落に迷い込んだ若い旅人が、村長の娘と恋仲になりました。村には村外の者と結婚してはいけないという掟があります。それでも二人は村を出て駆け落ちするのですが、安住の地を見つけられず、やつれて村へ戻ってきます。村長はそれでも「これは掟だから」と二人が一緒になることを許しませんでした。絶望した二人は、気田川に身を投げてしまいました。すると60年に一度、まるで傘を広げたように、大輪の牡丹の花が川の淵に咲くようになったのです。

私の祖父謙一は、この話が好きで、よく話してくれました。人生100年時代の今と違い、まだ「人間の人生は60年」といわれた頃の話です。祖父の時代、この地域では露地野菜の栽培が盛んで、ゴボウやニンジンなど「土物」と呼ばれる根菜類を栽培していました。

「60年は人の一生と同じ長さだ。京丸牡丹のように、大きな花を一生に一度は咲かせよう」

父の啓之《よしのぶ》は、1954(昭和29)年に就農しました。このとき、祖父のそんな思いを汲み取って「京丸園」と名づけたのです。

　それまでは露地で野菜を栽培していたのですが、就農当時の父は、

「これからは施設園芸の時代だ！」

と、温室を建ててバラの栽培を始めました。

連作障害に悩み水耕栽培へ

　それから10年後の１９６４（昭和39）年、私が生まれました。バラ栽培が軌道に乗って順調に進み、温室を少しずつ増やして規模拡大を進めていきました。ところが、１９７０年代に入り、私が小学校低学年になった頃、温室でバラの連作障害が深刻化していったのです。

　つまり土耕で同じ作物をつくり続けると、土壌病害にかかりやすく、品質や収量が落ちてしまう現象です。輪作や土壌消毒など、これを回避する方法は、いくつも紹介されていますが、今でも連作障害に悩む生産者は少なくありません。施設園芸の歴史がまだ浅かった当時、画期的な解決法はなく、父も相当悩んでいたと思います。

　そこで父が選んだのが、水耕栽培でした。植物を育てる土台に土を使わず、水だけで作物を育てる方法です。成長に必要な養分は、水の中に流し込み、酸素も一緒に循環させます。現在はミツバやレタスなど、さまざまな農園で採用されていますが、当時の浜松では前例も少なく、父はあちこちに視察や研修に出向いて、ノウハウを学んでいました。

　思い切って水耕栽培に転換できたのは、浜松のこの場所は天候が穏やかで、年間を通して日射量が多いこと。そして天竜川の下流で地下水に恵まれていて、水質がよく水量も豊富な場所で農業ができるからです。

　昔から諏訪湖を水源とする天竜川がもたらす地下水は、飲料としても使えるくらい清浄で、ミネラルも豊富なので水耕栽培に適しています。

　さらに冬の間も温暖で、雪が降らず、水も凍りま

せん。暖房に必要な燃料も少なくていい。浜松は東京と大阪の中間に位置しているので、どちらにも出荷できるので物流面も有利……諸条件を考え合わせると、私たちが代々農業を続けてきたこの場所は、水耕栽培の適地だったのです。

当時、この地域では土耕でニンジンやダイコンなどを育てる人が多かったのですが、施設園芸そして水耕栽培に転換する人たちが増え、日本の施設園芸の先進地となっていきました。

小面積で規模拡大

先進的な農家や研究施設の視察や研究を重ねて、水耕栽培について学んだ父は、「これならいける！」と確信。1973年からバラの栽培と並行してミツバの水耕栽培を始めました。

バラからミツバへ。土耕から水耕へ。今になって振り返ると、せっかく軌道に乗り始めたバラの栽培を断念しなければならなかった父は、さぞや無念だったと思います。また、水耕栽培は土耕と比べ物にならないほど高額の初期投資が必要です。だから失敗は許されない。品目も栽培方法もまったく異なる農業への転換は一大決心だったに違いありません。

父が最初に導入したのは、DFT（Deep Flow Technique・湛液型《たんえきがた》循環式水耕法）と呼ばれる日本で開発されたシステムでした。

比較的深いベッド内に一定量の培養液を湛えて、曝気しながら間欠的・多量に強制循環させる方法で、当時はそれを導入して、長さ30㎝くらいのミツバを栽培していました。

私は子どもの頃から、そんな父について市場や産地を見学に行くのが好きでした。水耕栽培のパイオニア、愛知県のプラントメーカーや、その周辺施設の農家さんへ視察や研修に行くときも一緒。近代的な設備とクリーンな環境で作物が育つ様を見て、「これはすごい！」と驚きました。

露地や土耕の施設栽培と水耕栽培の大きな違い

は、巨額の初期投資が必要なことです。当時バブル景気に後押しされて、大規模にボン！　50aや1ha規模のガラス温室を建てて、水耕栽培システムを導入して始める人も多かった時代です。

ところがうちの父は、資金がなかったこともあり、とにかく慎重派。それまでバラを育てていた温室に水耕栽培システムを入れて、10a、20a単位で徐々に栽培面積を増やしていきました。

「親父はなんで、もっと思い切って切り替えないんだろう」

当時の私には、それが歯がゆく感じられましたが、30年たった今振り返ると、そのやり方は正解だったと思います。時間が経過して時代が変わると、市場が求める作物はどんどん変わっていくので、同じ作物を同じようにつくり続けて、20年30年と儲け続けるのは難しいのです。さらに、水耕栽培の技術そのものも日進月歩で進化していきます。そんな時代の流れの中で、30年以上経過すると、ハウスも老朽化して、修繕や建て替えが必要になり、これまでつくってきたものも、思うように売れなくなってくる。そんなときに大規模なハウスを一気に建て替えて、作物を転換するのはものすごく難しい。規模拡大は少しずつ、10a、20a単位で徐々に増やし、古くなったらそこだけ修繕したり建て替える。そんな父の方針は、決して間違っていなかったと、改めて思うのです。

1000円の苗が10万円に

そんな私でしたから、子どもの頃から将来は、なんの迷いもなく「将来は農業をやろう！」と決めていました。高校は父の母校でもある静岡県立磐田農業高校へ。私が生徒会長を務めていたときに会計だったのが、のちに私の妻になる緑です。卒業後は、そのまま県立農林短期大学校（現・静岡県立農林環境専門職大学）へ進学。そこでは鉢花を専攻していました。そして20歳で就農するまで、脇目もふらず農業一筋。自分の中に他の選択肢はなく、それが自然な流れでした。

父が始めた水耕栽培を、そのまま引き継ぐだけではつまらない。せっかく父が建てた温室があるのだから、ミツバよりもっと高価格で販売できて、しかも自分にしかつくれないものをつくりたい。そんな思いがあったのです。

「よし、一生懸命働いて、ベンツを買って、30歳になったら同窓会に乗って行こう」

若くて意気盛んだった私は、当時そんなことを考えていました。

20歳で就農したとき、自ら選んだのが、贈答用の花として高値で取り引きされていた洋ランでした。中でも鉢植えの「デンドロビウム」をつくろうと決め、学生時代研修でお世話になった農家の方が洋ランを栽培していたので、そこから苗を分けていただきました。80年代半ば、日本はちょうどバブル景気にわいていて、豪華な洋ランはプレゼントとして珍重され、花卉《かき》栽培の花形になっていて、よく売れていきました。あの頃は朝5時に起きて、夜中の12時までがむしゃらに働いていましたね。

でも、デンドロビウムは苗の挿し木をしてから出荷するまで3年もかかってしまいます。もっとてっとり早くお金になる花はないだろうか？　洋ランにはさまざまな品種があり、目移りしてしまうのも洋ラン農家の常。いろいろ育てているうちに、私は「バンダ」という花にすっかり魅せられてしまいました。

ブルーの花弁をもつ美しい花。しかも苗を仕入れて3か月で出荷できるのも、大きな魅力でした。当時は日本の業者から苗を購入していたのですが、

「この花はすごいぞ！　直接苗を仕入れよう」

タイへ出向き、直接苗を買い付けて持ち帰り、うちのハウスの隅で育ててみました。すると、1本1000円で仕入れた苗が、3か月後にはなんと10万円で売れたのです。元値の100倍になるなんて、ギャンブルにも負けないものすごい収益率です。当時は景気もよく、珍しく美しい花に、それだ

けのお金を払う人がいたのです。当時の私はまだ20代前半、最初の仕事がうまくいったので、調子に乗っていたところもあると思います。

「世の中には、こんなにうまい話があるんだな。バンダがこのまま売れていけば、ベンツに乗るのも夢じゃない」

鉢植えの洋ランを手がけていた頃（1988年）

大手資本が苗を独占

ところが、そんなうまい話は長くは続きませんでした。バンダが儲かることに気づいたのは、私だけではなかったのです。当時は洋ランの輸入業者が、タイの苗の産地をめぐる仕入れツアーを実施していて、そこには私たちのような生産農家や不動産会社、そして趣味の園芸家など、さまざまな人たちが参加していました。

私は「たくさん仕入れて儲けるぞ」と、意気揚々と出かけていったのですが、私たちのような資金力のない個人の農家に買い付けられるのは、せいぜい1000株程度でした。

ところがあるときツアーで訪れたタイの農場で、「この農園の苗、1000株欲しい」と言ったら、ある大手企業から来ていた仕入れ担当者が、

「鈴木くん、ちょっと下がってくれないか。我々がこの農場の苗を、全部買い占めるから」

と言うではありませんか。うまい話があれば、大手が乗り込んできて、私たちのような個人経営の農家は買い負けてしまう。結局私たちは、大手企業が買い残した質の悪い苗しか入手できなくなってしまいました。

そんな苗を育ててもいい花が育つわけもなく、売り上げは激減。それでも洋ランへの思いは断ち切れず、つくり続けていましたが、悪循環にはまって利益は出ず、借金がかさむばかりでした。

そんな状態が5年ほど続きました。

「そろそろランに見切りをつけて、ミツバを手伝ってくれないか」

と声をかけてくれた父が、私の借金を肩代わりしてくれたのです。

ありがたいと思う反面、情けないと思いましたね。努力していい花を育てて、一時はあんなに儲かっていたのに、資本力に勝る大手企業にいいところをすべて持っていかれてしまった。ビジネスの世界では、よくあることですが、農業一筋で生きてきた自分には、どうにもならない出来事でした。そして20代前半で味わったこの挫折感が、のちに「農家であっても、もっとしっかり経営を学ばなければ」という今の考えにつながっていったと思います。

ミツバの水耕栽培を手伝う
（30歳代の頃）

芽ネギって何だろう

洋ランで挫折して、父のミツバを手伝い始めたのは25歳。やはり「ミツバだけじゃ物足りない」と、いろいろつくってみては、市場へ出荷していました。ロメインレタス、シュンギク、バジル……3年間で50品目ぐらい試作しましたが、まったく売れませんでした。

そんなこんなで悶々とした日々を送っていたある日、

「おい、厚志、一緒に寿司食いにいこう」

「うわあ、ぜひお願いします」

と、叔父が誘ってくれました。というのも私はお酒が飲めません。だからなんだか気が引けて、それまでお寿司屋さんのカウンターに座ったことがなかったのです。だけど酒呑みの叔父と一緒なら堂々と座れる。それがうれしくて、喜んでついていきました。

そこは浜松市の「しゅん助寿司」。憧れのカウンターで話すうち、大将の太田隆史《たかし》さんが言いました。

「お前、農家だろ。だったら芽ネギ、つくってくれや」

「えっ？　芽ネギって何ですか？」

「おい、知らないのか」

当時、芽ネギの存在すら知らなかった私に、大将は冷蔵庫から、木の板にきれいに並べられた芽ネギのパックを取り出して、見せてくれました。

それは細くて小さい、発芽して間もないネギの新芽でした。この芽ネギを束ねてシャリに乗せ、まん中を海苔で巻いた寿司は、りっぱなネタの一つなのですが、不ぞろいで、鮮度を保つのが難しく、「高価な割に、満足できる芽ネギがない」との話でした。

「ふうん、芽ネギねえ」

当時の私は28歳。大将の話を聞いても、ちっとも魅力を感じず、積極的につくってみたいとは思いませんでした。でも、

「この話を引き受ければ、またカウンターに座れるかも」

そんな下心が働いて、

「じゃあ俺、つくってみるわ」

と二つ返事で引き受けていました。

気がつけば全国へ

「よし、小さなネギをつくればいいんだな」

家へ戻った私は、さっそくミツバを栽培していたウレタンの培地に、ネギの種をまいてみました。ほどなく小さなネギが生えてきて、それをパックに詰めて「しゅん助寿司」へ持参する。そんな日々が続きます。

私がつくった芽ネギを持っていくと、大将は黙って寿司を握ってくれました。

「おい、これを食ってみろ。うまいか？」

「うーん……」

それから何度もやりとりは続きますが、サイズが大きすぎる、そろいが悪い、鮮度がイマイチ、もっと細くしろ、味がない……大将のダメ出しは続き、なかなか首を縦に振ってくれません。難しかったのは、芽ネギの太さを均一にそろえること。それには種が一斉に発芽しなければならないのですが、そこをクリアするためにまき方を工夫して、試行錯誤を重ねました。

しゅん助寿司の太田隆史さんとともに

全国へ周年出荷するようになった芽ネギ「京丸姫ねぎ」

芽ネギを活かした寿司、料理

そんなやりとりが続いたある日のこと。芽ネギを持っていくと、

「これ、いいじゃねえか。ほかの寿司屋にも売れるぞ」

やっと大将が納得できる芽ネギができた。それは大将の元に通い始めてから2年後のことでした。せっかく褒めてもらえたので、試しに近くの市場へ出すと、本当に大量の注文が舞い込んできたのです。

「大将の言っていたことは本当だったんだ。全国のお寿司屋さんが、質のいい芽ネギを求めている」

太田さんは、寿司屋ではない私にまるで弟子のように向き合って、決して妥協せず、全国に通じる芽ネギができるまで、ダメ出しを続けてくれました。自分の好きなものがつくりたいと試行錯誤していた頃は、50種類つくっても売れませんでした。

だけれど、たった一人のお客様に真摯に向き合って、その要望に応える努力を続けていけば、その背中の向こう側に同じものを求めている大勢のお客様がいる。まさに「目からウロコが落ちる」経験でした。

そこから始まった芽ネギは、現在オリジナルブランドの「京丸姫ねぎ」として、全国44市場へ周年出荷するまでに成長しています。

今ではお寿司屋さんや日本料理店だけでなく、フレンチやイタリアンレストランのシェフたちにも愛用されています。独りよがりの農業ではなく、たった一人の誰かのために努力したことが、すべてのはじまりでした。

「これなら売れる」

あの日、そう言ってくれた大将の笑顔が、その後の私の農業と経営を大きく変える、突破口になったのです。

1店1000万円の法則

これは当たり前のことですが、私たち生産者は、自分のつくった作物を、お客さんに買っていただだか

なければ、生活することができません。ですから少しでも高く、たくさん売りたいのです。けれど自分から頭を下げて「どうか買ってください」といって販売していると、最終的には値引きを強いられることになります。

これでは農家の経営は苦しくなるだけですし、どんなにおいしい作物を手に入れたとしても、お客さんもあまり「うれしい」とは思っていません。結果的に双方あまりしあわせにはなっていないのです。

私が、「しゅん助寿司」の大将に「芽ネギをつくってみないか」と言われたときは、正直あまり乗り気ではありませんでした。そして最初につくった芽ネギは、大将に気に入ってもらえませんでした。それでも何度もダメ出しを食らいながら、試行錯誤を重ねてやりとりするうちに、改良を重ねて、やっと納得していただける商品になったのです。気がつけば、私のつくる芽ネギは、全国のお寿司屋さんに求められる商材になっていました。

自分が独りよがりでつくるものではなく、一人のお客さまに真摯に向き合い、その要望にとことん応える努力をすれば、その背中の向こう側に同じものを求めているお客さまが大勢並んでいる……。この気づきを私は自分で「1店1000万円の法則」と名づけました。

目の前のお客さまの要望や声に、誠意をもって耳を傾け、それに応える。最初は一人、一軒のお客さんなのですが、そこから評判が広まって、次々と買ってくれる人が現れる。目の前にいる人を笑顔にすることに、熱心に取り組んでいると、時空を超えて多くの人が次々と笑顔になっていく。それもまた、経営者としての大きな気づきでした。

精神的ひきこもり状態に

ちょうど農業に携わって10年が過ぎた頃、私は30歳になっていました。朝5時から夜12時まで、ほとんど休みなく20時間近く働く。そんな生活が10年続いていました。ふと、「このままでいいんだろうか？」という不安が心をよぎります。

汗水垂らしてこんなに働いているのに、20歳のときに思い描いた「ベンツに乗って同窓会へ乗り付ける」にはほど遠い状態。車庫にあるのは10年前と変わらぬ国産車でした。そんな私にも家族ができ、誕生日にはバースデーケーキが用意されていました。

「お父さん、お誕生日おめでとう！」

まわりのお祝いムードとは裏腹に、ケーキに飾られたロウソクの炎を吹き消した瞬間、まるでマッチ売りの少女のように、10年前に描いた夢がはかなく消えていくのを感じました。

「10年間、寝る間も惜しんで、こんなに働いてきたのに……」

先輩たちからは「一生懸命やれば、努力は報われる」、家族からも「いずれ花開く」と励まされるものの、何を見ても聞いても前向きになれず、投げやりな気持ちになってしまうのです。何をやっても楽しくない。明るい未来を描けない。そんな暗い思いを抱えながら、表向きは日々の仕事を続けていましたが、今振り返ると半年以上「精神的ひきこもり」の状態が続いていたのだと思います。

経営って何だろう？

そんな私の様子を見て、心配した友人たちが声をかけてくれました。

「面白そうな講座があるから、一緒に行こう」

それは静岡県西部農林事務所が浜松市で開いた経営戦略講座でした。このときの講師陣の一人が、経営コンサルタントでオリジン・コーポレーション（焼津市）の杉井保之さん。友人に半ば無理やり連れてこられた私は、あまり乗り気ではなく、できるだけ目立たない柱の陰の席を選びました。講師の杉井さんは、どうやらそんな私のやる気のなさを感じとったようです。

「みなさんの中には、早く帰りたいと思っている人もいるでしょう。では、今から三つ質問をします。とにかくこれだけでいいから、答えてください」

「なぜ農業をやっているのですか？」

「どんな農園にしたいのですか？」

「どんな仲間とやっていきたいですか？」

そのとき私は、一つも答えられませんでした。

まず、一問目の「なぜ農業をやるのか？」

オリジン・コーポレーションの杉井保之さん（右）とともに

私は農家に生まれて、子どもの頃から家業を継ぐのは当たり前だと思っていましたし、別にそれがイヤではなかったので、迷いはありませんでした。だから、やって当然。そもそも「なぜ農業をやるのか」なんて、改めて考えたことがなかったのです。

二問目の「どんな農園にしたいか」

当時の私にはなんとなく、「でっかい農園がいいな」という漠然としたイメージが浮かんだのですが、「でっかい」農園を実現するために必要な、栽培面積、収量、売り上げなど、数字を伴った具体的な目標は、一つも答えられませんでした。

そして三問目。「どんな仲間」と問われても、そもそも家族経営なので父と母と妻の顔しか浮かばず、選びようがありません。だから答えられなかったのです。それでも「でっかい農園」をつくりたいのであれば、家族だけの力では足りないはず。二問目で漠然とイメージを描いた「でっかい農園」をつくるには、家族以外にも仲間が必要だと思えてきました。

すると杉井先生は言いました。

「この三つの質問に答えられなければ、経営しているとはいえません」

経営は目標になるゴールを決めて、そこから「いつ・何を・誰とすべきか」を導きだす逆算の世界。三つの質問に答えられないということは、山の途中で遭難しているようなもの。そう先生に言われて、ガツンと一発殴られたような気がしました。

先生が投げかけた質問と、そこから続く経営論は、就農10年目ですっかりやる気をなくし、目標を見失っていた私の心を鷲づかみにしたのです。

「これからは農業者が農業経営者になる時代です」

経営は逆算だ

それを聞いて思いました。

「経営というのは、大きな工場や商店、企業の社長がするものであって、家族経営が基本の農業に、合わないんじゃないだろうか？」

ところが先生は言うのです。

「経営というのは、逆算です。ゴールを決めて、現在地からどう進めばゴールにたどり着けるのか。それを考えるのが経営です」

その言葉に、私の不安は一蹴されました。そしてこれまでの自分の農業を振り返っていました。日々忙しく働き、種をまいて野菜を育て、収穫したものを市場へ持っていく……その生活を繰り返していれば、特段大きな問題は起きません。私の20歳から30歳までの10年間は、まさにそんな日々でした。

20歳のときは、まさにカーナビに目的地も入力しないで、全速力で走り出した車のよう。ところが懸命に働いたはずの10年間、「何のために・どんな農園を目指し・誰と」農業をやるのか。そんな簡単な質問にも答えられない状態でした。具体的なゴールや目標、ビジョンを描かずに、闇雲に汗水流して働いていたのでした。

それを10年続けたところで燃え尽きてしまった。

そしてどこへ向かって進めばよいのかわからず、すっかり迷子になってしまっていたのです。

そんなときに経営戦略講座に参加したことで、私は「農園を持続し、発展させるための戦略、戦術を考えるのが経営者」なのだと教わりました。そしてそれを形にするためには、自分と家族だけではどうにもなりません。だから「仲間」が必要なのです。

先生に出会い、三つの質問を突きつけられた瞬間から、それまでの自分に足りなかった考え方や、これから答えを出していかなければならない問いがはっきり見えてきました。半年近く続いた「精神的ひきこもり状態」から一転。この日を境に、農業人生に、一筋の光が射してきたのです。

ニンジンの記憶

初めて出席した経営塾で、農業経営の端緒を見いだした私に、先生から宿題が出されていました。それは「経営理念を決める」というものでした。

いろいろ考えてみましたが、まず思いついたのが、「誠実」という文言でした。それを妻に話してみると、

「あなたのどこが誠実なの？」

と瞬く間に一蹴。続いて、紙の上に筆と墨で「一期一会」と書いて見せると、

「第三者との出会いより、まず目の前の奥さんを大事にしなさい」

と、目の前でビリビリ破られてしまいました。みごとに玉砕。人生のパートナーであり、共同経営者でもある妻の緑（総務取締役）に賛同してもらえなければ、掲げる意味がありません。

そこで改めて、先生に「経営理念というのは、どうやってつくればいいのですか？」とお尋ねしたところ、

「経営理念というのは、本で調べたり、他所で探して持ってくるものじゃない。自分の胸の内にあるのですよ」

とおっしゃるのです。そこで、これまでの自分の歩みを振り返ることにしました。その中でふと思い出したのは、まだ小学校に上がる前、幼稚園に通っていたぐらいの頃の記憶です。

私は子どもの頃から、父のトレーラー付き耕運機に野菜と一緒に乗せられて、市場へ出かけていました。美しく整然と並べられた野菜……。当時は、農家と八百屋さんが相対で価格交渉していてとても活気がありました。そんな朝の市場の雰囲気が、たまらなく好きだったのです。

ある朝、5時に目覚めて、父の出荷に付き添って市場へ行ったときのこと。私たちの隣にはりっぱなダイコンを運んできて、なんとか八百屋さんに買ってもらおうとしている農家の人がいました。ところがなかなか売れません。最初は一束100円で売ろうとしていたのに、「じゃ、80円で」と値下げしました。ところがそれでもまだ売れません。とうとう「50円にしますから」と、半値になってしまいました。

その様子をじいっと観察していた小さな私は思いました。

「元の値段の半分になっているんだから、きっと八百屋さんたちは喜んで買っていくんだろうな」

ところが八百屋さんは、ちっともうれしそうではありませんでした。それどころか「しょうがねえなあ」と、しぶしぶ買っていくのです。お得に買えたはずなのに、なんか不機嫌で、迷惑そうにすら見えました。そして農家の人は、せっかくのダイコンが半値になってしまって、どこか物悲しそうでした。

笑顔を創造していこう

一方、私の父はニンジンを売ろうとしていました。最初は一束100円で売ろうとしていたのですが、並べたニンジンを目にした八百屋さんが、

「おっ、いいニンジンがあった」

とうれしそう。すると、そこにまた別の八百屋さ

んがやってきて、

「うちもニンジンが欲しいんだ」

と言うのです。二人の八百屋さんは話し合いになり、最終的に父のニンジンは一束150円になりました。そのとき、まだ幼かった私は、

「元の値段より50円も高くなってしまったから、きっと八百屋さんは怒るだろうな」

と、ビクビクしていたのです。ところが父のニンジンを買った八百屋さんは、

「いいニンジンが買えてよかった。ありがとう」

と、ニコニコ笑顔で帰っていったのです。そして父もまた、自分がつくったニンジンが高く売れてとてもうれしそうでした。今から50年以上前の話なのに、私はそのときの二人の笑顔が忘れられず、今でも鮮明に覚えています。それくらいまだ幼かった私にとって、それは衝撃的な出来事でした。

「人は誰でも、何でも安ければ喜んでくれるわけじゃない。そのとき、本当に欲しいものをつくって出せば、たとえ高くついてもニコニコ笑って買ってくれる。そして売るほうもまたそれがとってもうれしいんだ。売り手も買い手も同時に笑顔になれる。自分はこれからそんな農業を続けていきたい」

八百屋のおじさんと父の二つの笑顔を思い出したとき、ふっと頭の中に浮かんだのが「笑顔創造」という言葉でした。これは自分の原体験から生まれた言葉です。農業というのは、自分が好きなものを闇雲につくって売ればいいわけじゃない。誰かが求めているものを、求めているときに、的確につくることで、互いに納得できる値段で販売することで、自分もお客さんも、そして一緒に働いているみんなも同時に笑顔になれるように……。

私はふたたび筆を取り出し「笑顔創造」と書いた紙を、事務所の壁に貼りました。するとそれを見た妻も「うん」と一つうなずいてくれました。

こうして「笑顔創造」という言葉は、京丸園の経営理念となりました。

第3章

UNIVERSAL AGRICULTURE

福祉の世界から教えられたこと

うちの子を働かせてほしい

芽ネギの生産が本格化して、軌道に乗り始めた頃。ある親子がうちを訪ねてきました。知的障がいのある20歳ぐらいの息子さんとそのお母さんでした。

「ここでこの子を働かせてください」

「うーん、彼がうちの農園で働くのは難しいと思います。ごめんなさい」

当時は人手が足りず、頻繁にパートタイマーの求人広告を出していました。すると障がいのある方が「採用してほしい」と来ることが何度もあったのです。しかし当時の私は、障がいのある人が、うちの農園で働くのは難しいと思い込んでいました。だから面接で「障がいがあります」と言われた時点で「ごめんなさい」と履歴書をお返ししていました。

ところがこの親子は、私が採用を断っても、簡単に諦めようとしないのです。同席していたお母さんは、食いさがるようにして、

「私がサポートにつきますから、どうかこの子を雇っていただけませんか」

それまでそんな申し出を受けたことはなかったので驚きましたが、その提案もお断りしました。するとお母さんは、さらに必死な表情になって、

「お給料はいりませんから、働かせてください」

と言うではありませんか。当時30歳だった私はわけがわからず、そのお母さんの言葉に込められた真意に気づくことができませんでした。

採用を断られて、がっかり肩を落として帰っていく親子の後ろ姿が今も忘れられません。そしてあの必死なお母さんの言葉が、何度もよみがえってきました。

「ここで働かせてください。お給料はいりませんから」

「笑顔創造」という経営理念を掲げておきながら、あの親子を雇えず、がっかりさせてしまった自分が

情けない。これまで私が採用を断った障がい者たちは、最終的にどこで働くのだろう。もしかすると私の農園に面接に来てくれた人たちは、何度もよそで断られて「ここなら働けるかもしれない」と希望を抱いて門を叩いてくれたのかもしれない。なのにそれを踏みにじってしまった……。これまでお断りした障がいのある方たちやご家族の気持ちを思うと、胸が痛みました。が、それでも雇って一緒に働く自信が、当時の私にはなかったのです。

給料はいらない。それでも……

「人が働くのは、お金を得るためだろう？　なのに給料はいらない、それでも働かせてほしいなんて、いったいどういうことなんだ？」

私には、あのお母さんの言葉の意味が理解できませんでした。なぜなら、私は働くのはお金を稼ぐためだと思っていたからです。「お給料はなくていい、それでも働かせてほしい」とは、どういう意味なんだろう？

混乱していた私に、福祉関係の仕事をしている知り合いが教えてくれました。

「障がい者のご家族は、この子には何か役割があるに違いない、この子の力を必要とする人がきっといる、と信じている。だからその『役割』を求めて、何度断られても新たに履歴書を書いて、会社に頭を下げて雇ってもらえるようにお願いしているんですよ」

その話を聞いて、働くのはお金を稼ぐためだと考えていた自分が、とても薄っぺらい人間のように感じました。

実際、生活していくにはお金が必要ですが、そもそも働くとはどういうことなのか、それまで考えたことがなかったのです。

障がいのある人たちは、自分の力が人の役に立つことが第一なのです。それで相手が喜んでくれて、その対価としてお給料がいただける。あの日あのお母さんが、「お給料はいらないから、この子を働かせてほしい」と言ったのは、働く喜びや生きる希望をわが子に与えたい一心からだったのだと気づきました。

障がい者、高齢者が多い理由

それから当時、私には不思議に思っていたことがありました。

「うちが求人を出すと、なぜ障がい者や高齢者が、おおぜい面接に来るんだろう?」

そこでまた、福祉施設に勤めている友人に訊ねてみました。

「こんな小さな農園なのに、障がい者や高齢者の人は、なんでうちの求人を見て、ここで働こうとするんだろう?」

「それは働く場の変化のせいだよ」

「えっ、どういうこと?」

友人の話はこういうものでした。かつて町工場には、掃除や単純な部品の組み立てなど、障がいのある人たちにもできる仕事があったので、みんなそこで働いていたのです。ところが、工場はどんどん機械化され、人の手がいらなくなっている。さらに工場そのものが海外に移転して、国内の工業界では障がい者の働く場が、どんどん減っているというのです。

「それから、コンビニや外食チェーンの影響も大きい」

「なぜだろう?」

かつて街の商店街には、家族経営の小さな食堂や個人商店がたくさんありました。障がいのある人たちや高齢者は、そこで掃除や皿洗いなど、無理なくできる作業を担っていたのです。ところが商店街から個人商店が姿を消した代わりに現れたのが、コンビニや外食チェーンでした。これらの店はアルバイトであっても、接客ができて、レジが操作できて、マニュアル通りに動ける、一人で何種類もの仕事を

京丸園のハウス一角

同時にこなせる人でなければ採用しません。障がい者が働くには、そこでグッとハードルが上がってしまうのです。

「そうか、なるほどなあ」

世の中全体が、障がいのある人たちの職場をどんどん狭めていて、工業にもサービス業にも働ける場所がなくなってしまっている。だとすると最後の砦は「農業」かもしれない。障がいのある子のお母さんたちも「農業ならきっと、うちの子にできることがあるのかもしれない」と考えて、可能性を求めて働ける場所を探しているのだなあ。

現に当時、うちの農園は、施設の規模を拡大していて、人手が足りない状態でした。だとすると、もし私たちが、彼らを受け入れてきちんと利益を出せる仕組みがつくれたら、この流れを「チャンス」に変えられるのかもしれない——私に、ぽっと、小さな灯がともるように、そんな思いが生まれてきたのです。

うちの子にもできる
～作業分解という発想～

それでも当時の私は、面接にやってくる障がい者たちが、うちの農園で働くのは難しいと思っていましたし、この職場に彼らを入れたら農園はどうなっていくのか想像がつかず、不安でもありました。ですが、彼らに付き添っているお母さんたちは、闇雲に職場を探しているわけではなく、うちの農園の求人を見つけて、わが子はここなら「働ける」と確信しているようでもありました。この認識の違いはどこにあるのだろう？

そこで、あるお母さんに、単刀直入に聞いてみました。

「私は彼がここで働くのは無理だと思うけど、お母さんは働けると思ったから面接にいらしたんですよね。彼に、何ができると思ったのですか？」

すると、お母さんは言いました。

「うちの近所の畑で、年をとったおじいさん、おばあさんが肥料袋を重そうに持ち上げて運んでいるのを見ました。うちの子はとっても力持ちなんです。あの袋、きっと何個でも運べますよ」

と、自信に満ちた表情で答えてくれました。

たしかに農業に力仕事はつきものです。肥料や培土を入れた袋は、一袋15～25kgもあって、慣れない人が何個も運ぶと腰を痛めますし、高齢者にはきつい仕事です。それを見ていたお母さんは「あれなら、うちの子にもできる」と思ったのでしょう。

そこに私とお母さんの認識の違いがありました。

例えば、農園でダイコンを栽培するとします。種をまき、水やりをして、間引き、草取り、防除、追肥……一連の作業をまとめて「農作業」と捉えて、彼らには「できない」と判断していたわけです。ところがこのお母さんは、農作業の一部である「重いものを運ぶ」作業を切り取って、「うちの子にも働ける」と確信したわけです。

これは後からわかってくることなのですが、福祉分野の人たちは一連の作業の流れを分解して、その一つ一つを能力や個性に応じて割り当てる「作業分解」を行います。例えば、肥料袋をトラックから下ろす、その袋を畑に並べる、畑の草取りをする、苗を植える、水やりする、育った作物を収穫する、サイズごとに並べる、重さを測る、袋に詰める……ひと口に「ダイコンを育てる」といっても、それが多種多様な作業の集合体で成り立っていることがわかります。お母さんはその中から「肥料運びなら、うちの子にもできる」と考えて、うちの農園を訪ねてくれたのでした。

「姫みつば」の検品作業

一方、私は種まきから収穫、出荷までの一連の流れをひとくくりにして「農作業」と位置づけていました。だから障がいのある息子さんに、そのすべてを任せられるとは思えなかったのです。だけれどこのお母さんのように、作業全体を分解して、能力に応じて得意な部分だけを任せることができれば、障がい者も同じ農業現場で働けるかもしれない――だんだんそう思えるようになってきたのです。

障がい者の親御さんや福祉関係者と話をする中で、「作業分解」という新たな発想に着目した私は、逆に農業の「弱点」や「欠陥」にも気づくようになりました。それは今の農業がほとんど作業分解されていないという現実です。

あの日、「うちの子は重い肥料袋なら持てます」と言った、お母さんの言葉を聞いたとき、「農作業の一部だけを取り出して、やってみようと思う人がいるんだ」と気づかされた反面、求人を出したとき、無意識に「土づくりから出荷まで」一人でこなせる人材を求めていて、それで「採用・不採用」を判断していた自分に気づきました。

私が父から栽培を学んだ頃、指導は口伝えや経験、そして勘が頼りでした。農業の本質というのは、マニュアルや口伝えでなかなか伝わるものではありません。同じ作業を日々繰り返し、経験を積む中で「これくらい暑くなったら、ハウスの天窓を開けよう」とか「これくらい寒かったら閉めよう」とか、肌身で身につけることが多いのです。

よく農家の親父が子弟に「いちいち説明してもわ

からないから、俺の背中を見て覚えろ！」というのはそういうことですが、それが通用していたのは、大部分の農家の仕事を、その家の子弟が継いでいた時代の話。子どもの頃から寝食をともにしていない第三者が引き継ごうとしても、うまく伝わらないことが多いのです。

ところが、ひとたび農作業を福祉の世界の人たちの目線で分析すると、「作業分解」が始まって、経験や体力がない人にも、できる要素は必ずあるのです。そこに適材適所を見いだして、うまく組み合わせていけば、多くの人たちに手伝ってもらえる可能性がある。

これからの農業は「親父の背中」を見せるだけでは、誰もついてきません。すべての作業を一人でこなせる優秀な人材ばかり求めていたら、ちっとも集まりません。私が障がい者のお母さんと福祉の関係者に教えられた「作業分解」という発想は、働き手がいないと悩む日本農業全体に、新しい仲間＝ビジネスパートナーとしての障がい者が加わるきっかけを生み出すのではないか。だんだんそう考えるようになってきました。

はじまりは職場体験から

その後も障がい者とその親御さんと面談して、お断りを繰り返すうち、

「何か私にできることはないだろうか？」

と考えるようになりました。そして、障がいのある人がうちで働くのは難しい、という考え方を捨て去ろうと決意しました。とはいえ、いきなり障がい者を雇用する自信がありません。そこで最初は雇用ではなく「職場体験」という形で、一人の障がい者に働いてもらおうということになりました。

当時は私の祖父母、両親、妻と私の家族6人に加え、4人のパートタイマーの方がいたので、総勢10名の小さな農園でした。そこへ初めて障がい者を受け入れたとき、私の心は期待と不安でいっぱいでし

た。

「現場から『一緒に働きたくない』という意見が出てくるんじゃないか」

「想定外のトラブルが起きるかもしれない」

「障がい者が、つらい思いをしたらどうしよう」

そんな気持ちを抱えながら、初めての職場体験のA君を受け入れたのです。

自然に互いを気遣って

ところが、いざA君が農園のメンバーに加わってみると、そんな私の不安は一気に吹き飛んでいました。

初めてA君がやってきた日、彼はとても緊張した表情で、パックのフタを閉める作業を担当してもらいました。すると一緒に働いていたベテランのパートさんが、

「何か困ったことがあれば、いつでも声をかけてね」

と優しく言ってくれたのです。それは私が事前にお願いしていたわけではなく、自分から自然に出てきた言葉でした。A君もちょっとホッとしたようでした。同じ作業を続ける中で、難しい問題や、一人ではできない課題に直面したときは、まわりの人たちが自分からA君の手助けをしてくれました。そんなふうに作業を続けていくうちに、最初は硬かったA君の表情はやわらいでいました。

職場の変化はそれだけではありません。それまでは個々人に割り振られた仕事を、黙々とこなすだけの現場でした。そこにA君が加わったことで、互いを気遣い助け合う、和やかな雰囲気が生まれたのです。誰かが誰かを思いやって優しい行動をすると、それだけで場が和み、職場の雰囲気が明るくなります。

そしてまた、作業効率もグッと上がったのです。どちらかといえば、障がいのあるA君が加わることで、ある程度作業量が落ちるかもしれないとすら考

えていたのですから、これは私には想定外の出来事でした。

農園での作業は、手先を使った細かな作業が多く、気力と集中力を要求されます。そこにA君が加わり、互いに気遣いながら作業を進めて、雰囲気が変わったことで、作業による疲れや倦怠感のようなものが、低減されたのかもしれません。職場の雰囲気の変化が、ここまで作業量に影響するとは思いもしませんでした。

たしかに、夫婦喧嘩をした後の仕事ははかどりませんが、仲がよければとんとん拍子に仕事がはかどります。

職場の雰囲気は本当に大事で、A君の加入は農園にいい雰囲気をもたらしてくれました。黙々と目の前の仕事をこなすだけの作業よりも、互いに誰かを気遣いながら優しい気持ちで作業にあたるほうが、いい仕事ができる。それはまた、私にとって目からウロコが落ちる出来事でした。

山内くんとの出会い

障がいのある子の母親から、「無報酬でいいから働かせてほしい」と懇願された私が、思案の末、職場に障がい者を迎え入れたのは1996年。32歳のときでした。

最初にやってきたのは、山内祐典《ゆうすけ》くん。当時は静岡県立浜松特別支援学校高等部の2年生でした。学校の授業の一環である職場体験で、うちの農園で働くことになったのです。彼には知的障がいと右半身まひがありましたが、おだやかな性格でまわりの人たちにも自然に溶け込んで、パックに輪ゴムをかけたり、小さなトレイを洗う仕事もだんだん補助なしでできるようになってきました。

そんなある日のこと。

いつも通り、お昼休みに事務所の2階で他の従業員たちと、お弁当を食べていました。

「そろそろ休憩を切り上げて、午後の仕事にとりかかりましょう」と声をかけ、みんなで階段を降りて、職場へ戻ろうとしたときのことです。

ダダダダーン！

ものすごい音がしました。近くにいた人たちが慌てて駆け寄ると、階段の下に山内くんが血だらけになって倒れていました。階段でつまずいて転落してしまったのです。頭をぶつけたようで、血が流れています。

「山内くん、だいじょうぶか！」

「だいじょうぶ、だいじょうぶ……」

顔面血だらけになりながらも、意識はしっかりしていて、しきりに「だいじょうぶ」を繰り返していました。救急車が呼ばれ、山内くんは病院へ搬送されました。私は、すぐ特別支援学校の担当の先生に連絡を入れて、ことの次第を説明しましたが、もう、申しわけない気持ちでいっぱいでした。

「山内くん、ごめんよ。階段を降りるとき、一緒に手伝ってあげれば、こんなことには……」

あんなにがんばって、せっかくうちの仕事を覚えてくれたのに……。体の不自由な彼を守ってあげられなかった。経営者としての至らぬ自分を責めていました。

大ケガをしても「働きたい」

「山内くんは、どうなるのだろう？　大ケガでないといいけど……」

心配は募りますが、午後の仕事を休むわけにはいかず、作業は続きます。そんなとき、特別支援学校の先生から電話がありました。

「山内くんは、どんな様子ですか？」

「無事ケガの処置は終わりました。頭を数針縫いましたが山内くんは元気です。ちょうどお母さんも病院に見えているので、今から３人で農園に伺いますね」

「元気なんですね。よかった」

私は山内くんの容態を聞いてホッとした反面、

「職場体験中に、こちらの不注意でケガをさせてしまった。管理者として責任を追及される。場合によっては訴えられるかもしれない」

と、不安になりました。

「とにかく謝ろう。そして責任を取ろう」

と、覚悟を決めていました。そうこうするうちに、白い包帯で頭がぐるぐる巻きになった山内くんとお母さん、学校の先生が農園に着きました。開口一番、

「山内くん、すまなかった」

と、言おうと駆け寄った瞬間、すかさずお母さんが、

「このたびは大変お騒がせしました。農園のみなさんにもご迷惑をおかけして申しわけありませんでした」

と、先に頭を下げられたのです。えっ、謝るのは自分のほうなのに。私はそんなお母さんの反応に、戸惑いながらも言いました。

「大事な息子さんに大ケガをさせてしまって、本当に申しわけありませんでした。もう二度とこういう事故が起きないように、階段に転倒防止の手すりをつけます」

障がいのある人と一緒に働くということは、彼らが安心して働ける職場をつくるという責任がある。この機会に農園全体の安全対策を、徹底的に見直さなければ、と肝に銘じたのでした。そして山内くんに言いました。

「今日は痛い思いをして大変だったね。頭を縫う手術もして疲れただろう。明日はゆっくり休んでください」

ところがお母さんは、言うのです。

「いいえ、病院で働いて問題ないと診断されました。明日も出勤させます。それから今日の残りの時間も働かせてください」

「ええーっ！」

思いがけない申し出に戸惑いながら、山内くんのほうに目を向けると、包帯でぐるぐる巻きになった

頭を、しきりに縦に振っているのです。それはまた、

「僕は、働きたい」

勤続22年のベテラン社員になった山内祐典さん（トレー洗い機の前）と著者

という意思表示でもありました。職場で大きなケガをして、頭を縫う手術も受けたのに、それでも働きたいだなんて……。

特別支援学校の生徒たちは、高等部の2年生になると、地元の会社やお店、事業所などで、職場体験を行いますが、必ずしも生徒全員の受け入れ先が見つかるわけではありません。特に重い障がいのある生徒の受け入れ先は少なく、参加できない生徒もいるそうです。

山内くんは身体と知的、二つの障がいがあるので、実習先を見つけるのは難しいだろうと思われていました。そんなときに出会ったのが、京丸園だったのです。

初めて農業の現場で働く喜び。仕事に巡り会えたチャンスを大事にしようとする彼の熱意を思うと、胸が揺さぶられるようでした。

「僕は、働きたい」

そんな山内くんの思いを受け取って、安心して働

ける職場を築いていかなければ……。私の中に、新しい責任感と使命感が芽生えてきました。

障がいのある人たちとその親御さんは、仕事に対して、ただならぬ意欲と熱意をもっている。それを山内くんとお母さんに教えられた出来事でした。

■1時間同じトレイを洗い続ける

水耕栽培が中心の京丸園では、長さ30㎝ほどのトレイを使っています。その数は膨大で、1日に1000枚ほど洗います。そんなトレイを洗いながら思いました。

「うちの仕事の中では、比較的単純な作業だから、支援学校の生徒にもできるかもしれない」

そこで支援学校の先生に連絡してみると「ぜひ、やらせてほしい」という返事。やってきたのは、男子生徒のBくんでした。

彼をトレイの洗い場に案内し、スポンジを手渡して言いました。

「これをきれいに洗ってください」

すると彼はスポンジとホースを手にしてゴシゴシゴシ。一生懸命ていねいに洗ってくれたのです。しばらく見ていた私は、

「これならだいじょうぶ。B君に任せよう」

と思い、現場を離れました。

それから1時間後――。

「どれくらい進んだかな?」

と思って見てみると、なんとB君は、最初に手にした1枚のトレイを、1時間ずーっと洗い続けていたのです。

「あちゃー。この仕事を彼に任すのは無理だなあ」

すぐ学校に電話して、担当の先生に連絡しました。

「もう少し、仕事のできる子に来ていただかないと、困ります」

「それはすみませんでした」

先生は、一度は謝ったものの、農園で私がB君に

どんな指示を出したのか、そして何が起こったのかこと細かに説明すると、態度が一変。逆に怒り出しました。

「鈴木さん、それは彼にそんな曖昧な指示を出した、あなたが悪い」

「えっ？」

トレイを洗ってほしいと頼んだ私の、何がいけなかったのか？　最初はわけがわかりませんでした。

「いいですか？　単に『トレイを洗いなさい』では、具体的にどうすればいいのか、どれだけ洗えば、次のトレイに進んでいいのかわかりません。スポンジでトレイの表側を3回、裏側を3回こすって、最後に全体にホースで水をかけてください。それが終わったら、次のトレイを同じように洗いましょう。そう言えばB君はできるはずです」

「えっ、本当に？」

半信半疑で言われた通り、B君に指示してみました。すると、ちゃんと表裏を洗って、次のトレイに進んだではありませんか。明らかに私の説明不足でした。

指示の言葉で実際に動きは変わる

その先生は、私にこんなことも言っていました。

「こんなことだから日本の農業は衰退するんです！」

最初はそこまで言うか？　と思いましたが、よくよく考えると、実際そうなのかもしれません。農業の現場では、長年培った勘を頼りに作業が進みます。だから「ちょっと水をまいといて」「暑かったら開けておいて」と、曖昧な指示を出すことが多いのです。だけどその「ちょっと」や「暑い」という感覚は、人によって違うのです。水量が多すぎたり少なかったり、暑くないのに開けてしまったりすることもある。すると、叱られるのは農家の子弟や部下たち。でも実際問題、悪いのは指示を出した父親や上司のほうなのです。

水の量なら「バケツに何杯分」とか「灌水コックを何分間開ける」とか、温度設定なら「23℃を超えたら」とか、誰にでもわかる具体的な数値を示して指示すれば、みんな的確に動いてくれるはずですし、誤差も起こりにくい。曖昧な指示は、間違いの元。それは相手が一般人でも障がい者でも同じです。農業の現場では、経営者が感覚的に身につけたやり方で、曖昧な指示を出したために、従業員が失敗したり、若手が自信をなくして辞めてしまう。そ

芽ネギの超密植栽培。種まき３日後に発芽

んな負の連鎖が、農業全体の衰退につながっているのかもしれません。

「表を3回、裏を3回スポンジでこすったら、全体をザーッと流す」

最初から私がきちんと具体的に指示していれば、B君は1時間も同じトレイを洗い続けなくてよかったはずです。

これを機に、私は先生にお願いして、福祉施設の職員が障がいのある人たちに指示を出す場合、どんな言葉や表現を使うのか教えていただきました。

「スポンジで3回こすってください」

「苗を上から穴のまん中に落としてください」

「芽ネギのパックを六つ数えて輪ゴムでとめましょう」

とにかく「わかりやすく・具体的に・できるだけ数を示すこと」が重要だと学びました。それはまた、十三代続く農家に生まれ、家族という小さなコミュニティの中で農業を続け、無意識に経験や勘に頼ってきた私の、大きな盲点でもありました。先生

はそんな私にこうもおっしゃってくれました。

「鈴木さんがこれまで農業の現場で培われた経験や勘を、彼らにもわかるように、具体的な言葉や数に置き換えて指示を出せるようになれば、きっともっと多くの人に手伝ってもらえるようになると思いますよ」

　同じ仕事でも、指示を出す言葉の選び方や表現一つで、相手の動きが変わる。これもまたそれまでの仕事や指示のあり方を見直す、大きなきっかけになったのです。

いちばん難しい芽ネギの定植

　障がいのある若者やその親御さん、なんとか社会へ送り出そうと懸命な特別支援学校の先生たち……そんな福祉関係の人たちとの出会いは、それまで自分を支えていた農業の「常識」や価値観を、ガラガラガラと打ち崩していきました。それくらい目からウロコの発見が多い日々だったのです。

　私たちが栽培している芽ネギは「京丸姫ねぎ」という商品名で超密植栽培が特徴です。小さな四角いスポンジの上に、小さい真っ黒なネギの種を一面にまいていきます。それが3日後に発芽して1㎝くらいの苗に成長すると、いよいよ養液が流れる水耕ベッドに移します。この作業をここでは「定植《ていしょく》」といいます。

　やわらかな根元の白いスポンジから伸びた芽と根に触れることなく、ベッドのトレイに開いた、長方形の穴に手作業でそっと移植する。ここで変な力が加わったり、手や指が苗に触れたり、着地したトレイに斜めに植えてしまったりすると、その後の成長が均一でなくなってしまうのです。

　芽ネギの定植は、うちの農園では、最も職人技を要する作業で、私か、スタッフの中でも特に器用な人、しかも熟練した人にしか任せられない、そう思っていました。

　ある日、私は特別支援学校の先生の前で、芽ネギの定植を実演して見せました。

「この細長く並んでいる芽ネギの葉に触らないように、苗の根元についているスポンジの底をちょんちょんちょんと指で押さえてそろえて、両手を使ってトレイの長方形の溝に、サササッと入れ込む。ほら、芽ネギがまっすぐ立っているでしょ。苗を水平に定植するのはとっても難しいのです」

これが農家の技です。ちょっと誇らしくもありました。

だからこの定植作業を障がいのある人が、私と同じようにやるなんて、到底無理だと思い込んでいました。ところが、それをじっと見ていた先生は、

「ああ、この作業なら、うちの生徒にもできると思います」

と言うのです。そんなバカな。パートさんでも手先の器用なベテランの人にしか、任せられないのに。やったことのない先生には、この難しさがわかるはずがない。正直「農業をなめるなよ」とすら思いました。

先生も、さっそく定植作業に挑戦しましたが、ふにゃふにゃのスポンジの端だけを持って、均等に力を加えて、トレイの溝に埋め込むことはなかなかできませんでした。

「まいりました。やっぱり難しいですね。見るのとやるのとでは大違いですね」

そう言い残して、先生は帰って行きました。

下敷き1枚ですっくと立つ

それから1週間後。また先生が農園にやってきました。その手にはなぜか青いプラスチック製の下敷き（プレート）を持っていました。何に使うのか、私には皆目見当もつきません。

「それ、何に使うんですか?」と尋ねると、

「これ1枚あれば、誰でも芽ネギの定植がきれいにできるはずですよ」

「そんなバカな」

下敷きを押し込むと、芽ネギの定植がきれいに簡単にできる

当初、両手を使って芽ネギの苗をスポンジごと「熟練の技!?」で、トレイの長方形の溝に押し込んでいた

「では、やってみましょう」
先生は私の目の前で、苗のスポンジの下の部分に下敷きを押し当てて、スッとトレイの中へ押し込みました。するとどうでしょう。苗はまるでベテラン農家の達人が植えたように、すっくときれいに立っているのです。
「ほらね。これ1枚あれば、うちの生徒にもちゃんと定植できますよ」
私が何年もかけて、何千、何万回も同じ作業を繰り返して身につけた技を、1週間＋1枚の下敷きで。いとも簡単に。自分が努力してやっと身につけた技術だと思っていたのに、プライドはズタボロ。またもや、目からウロコがバラバラと落ちていくのを感じました。

怖いのは「思い込み」

本来であれば、いつもこの作業を繰り返している私や、パートさんの間から「こうすれば、もっと早く、簡単に、きれいにできる」というアイデアが出ていいはずです。なのに、なぜ毎日定植作業をやっていた私たちが気づかず、一度体験しただけの先生が1週間で気づくことができたのでしょう?

その原因は「思い込み」。ずっと今、自分がやっているこのやり方が最善なんだと思い込んでいたからです。だからずっと手で植えて、不器用な人にはこの作業をやらせないようにしていました。

だけれど下敷きが1枚あるだけで、不器用なパートさんも、障がいのある人も、同じようにきちんと植えることができるのです。本当にショックでした。そして、

「もしかすると、こういう『思い込み』に頼って作業しているのは、うちの農園だけではないのかもしれないなあ」

と、思うのです。日本の農業全体が同じような「思い込み」にとらわれていて、進歩する機会を逸しているのではないか。そんなふうに感じるようになりました。というのも、うちのように代々続いてきた農家であればあるほど、受け継がれてきたやり方をそのまま継承していて、そこに問題点を指摘する人は誰もいません。また誰かが疑問を感じていても、言えない雰囲気があったりもします。問題を見つけようとか、改善しようという意識もなく、淡々と同じことをやっているだけなのです。私の農園もまさにその状態でした。

ところが、福祉の人の視点や意見があることで、農園がガラリと変わっていったのです。先生は、定植作業を生徒にできるようにするにはどうすればいいか、ずっと生徒目線で考えていたのだと思います。こんなふうに福祉の世界の人たちの目線で見ると、「もっと別のやり方があるのでは?」「こうすれば、他の人にもできる」。そんな提案ができたのです。

農業とその周辺の人たちの意見だけでなく、もっと広いジャンルの人たちに見てもらえたら、さらによいやり方、アイデアがあるのかもしれません。

■「できる人」ばかりを探していた

「ほら、下敷きを使えば、うちの生徒にもこんなにきれいに早く定植できるでしょ」

その先生のひと言で、改めて気づかされたのは、誰かを雇用するとき、私自身無意識のうちに「自分と同じことができる人」を優先に採用して、「できない人は採用しない」という姿勢でいたことです。

一方、先生のように、いつも障がいのある子どもたちと向き合っている、特別支援学校の先生たちは、「どうすれば、この子たちが働けるようになるだろうか、人の役に立てるだろうか」と四六時中考えています。そこで「手だけでは無理だけど、何か道具があればできるんじゃないか」と考えて、下敷きを使う方法を見いだしたわけです。

いつもいつも「できる人」ばかり探して集めていたら、みんなサクサクできてしまうので、そこに作業改善のチャンスは生まれません。だけど先生たちは、「できない子も、どうすればできるようになるか」「ゆっくりな子が、いかにたくさんできるか」という可能性を、常に探しているのです。

障がい者に限らず、農作業に不慣れな素人に「早くうちのやり方に慣れてくれ」と、既存のルールややり方を押しつけていたのでは、農園の改善や成長は望めません。本当に変わらなければならないのは、彼らではなく私たち農業者のほうなのです。

農作業には、一人で何種類もの作業を同時にこなすような複雑なものも多く、「口では説明できないよ」と言いたくなってしまうことがよくあります。ガンコ親父が「俺の背中を見て覚えろ！」と言うのはそのためで、自分ではできるのに、別の人が再現できるように説明するのがとても厄介なのです。だから親子で作業していても、ケンカになったり、せっかく若者が手伝ってくれていたのに、引き継ぎがうまくいかず辞めてしまったり……。

農作業の的確な継承は、障がい者に限った問題ではなく、農業全体の後継者育成にも深くかかわっているのです。もし、障がいのある人たちや、新たに農業を始める人たちが、なかなか現場になじめなかったり、作業を習得できないとしたら、変わらなければいけないのは彼らではなく、先に現場を任されている私たち農業者のほうなのです。

農業人口が年々減り続けている今、「農業」全体が、人の見方や育て方を変えていくことが、明日につながるはず。そしてうまく変われたら、新たにいろいろな人材が仲間に加わってくれるはずです。

掃除の得意な小又さん

ある日、特別支援学校の先生が、小柄な女の子を連れて農園にやってきました。

「この子は小又春香さん。掃除がとても得意なんですよ」

「へえ、それは楽しみだ。小又さん、よろしくね」

「はい……」

とっても小さな声で挨拶してくれました。小又さんには、知的障がいがあり、やせていて体力もなく、作業を始めるとすぐ疲れてしまいます。そこで、午前中だけ出勤してビニールハウスの掃除と草取りを担当してもらいました。掃除に特化した従業員を雇うのは、それが初めてでしたが、彼女はホウキとちり取りを手にして、一生懸命掃除をしてくれました。

彼女の掃除はとってもていねい。その代わりとてもゆっくりなのです。三歩あるいて立ち止まり、ゴミを取り、また三歩あるいて立ち止まり地面の草を抜く。そんな感じでゆっくりゆっくり。ハウスを順番に回っていきました。

そんな日々が、1年ほど続いたある日のこと。

「社長、このごろなぜか農薬を散布する回数が減っているんです」

「ほほー。それはいいね。でも、なぜだろう？」

その理由が何なのか、改めてハウスをじっくり点検しました。以前に比べ、芽ネギやミツバを育てている、水耕栽培用のベッドの下に生えていた雑草が見当たりません。それに地面にはちり一つ落ちていないのです。

「ああ、そうか。農薬が減ったのは、小又さんのおかげだ」

　小又さんのゆっくりかつ徹底した掃除と草取りは、コバエや蛾などの害虫の住みかも繁殖する場所も、徹底的に排除してくれたのです。

ミニミツバの生育

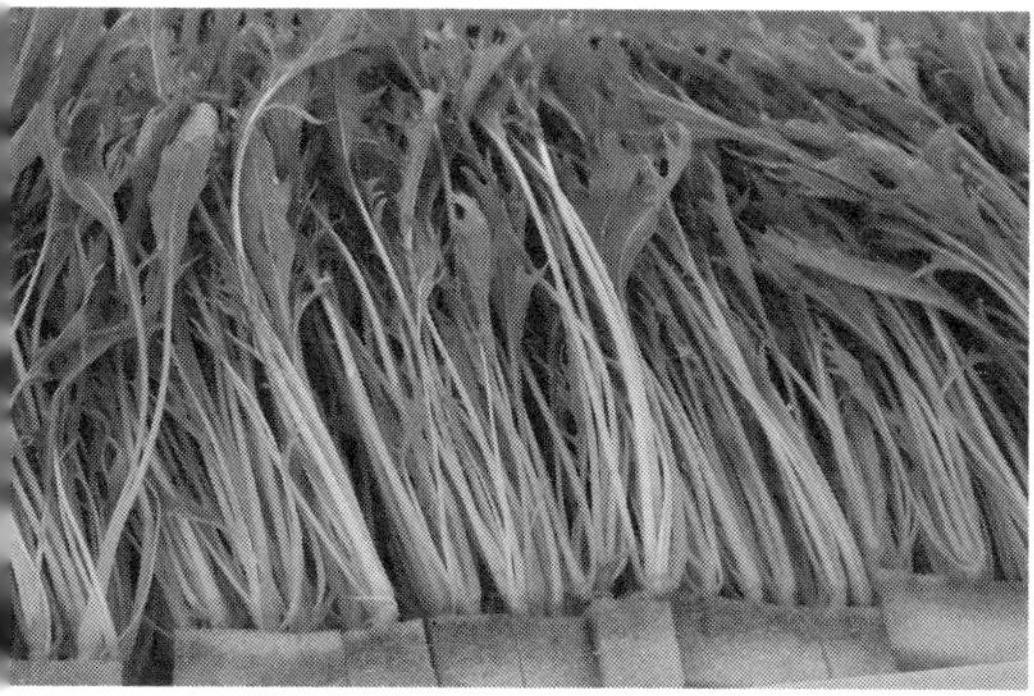

収穫したばかりのサラダミズナ

「もっとハウスの掃除を徹底すれば、無農薬での栽培も夢じゃないかもしれない」

　そこで、小又さんだけでなく農園のスタッフ全員で、ハウスの清掃を徹底することにしました。

　掃除は、どんな仕事の現場でも大事です。だけどどうしても栽培や生産など、利益を生み出す作業がメインで、掃除はサブになりがち。なんとか早くすませて、仕事に取りかかろうとする人のほうが多いのではないでしょうか？　小又さんはその真逆。「ゆっくり・じっくり・徹底的にていねいな」掃除を心がけていました。すると、虫の入り込むスキがなくなり、思わぬ効果が生まれたのです。またも目からウロコがバラバラと……。本当にこれは予想外の出来事でした。

■「虫トレーラー」誕生！

私はそんな小又さんの、「徹底的にゆっくりな掃除」をお手本にして「虫トレーラー」を開発しました。それは、芽ネギが並ぶベンチの上を、ゆっくりゆっくり移動して、葉の間に隠れている虫を、掃除機の要領で吸い上げるマシンです。大きな白い袋を膨らませて、ゆっくりゆっくり進んでいきます（第5章98頁以降で詳述）。

こうして掃除の徹底と、「虫トレーラー」のおかげで、うちのミニ野菜は、ごくわずかな農薬で栽培できるようになりました。

ゆっくりだけど一生懸命。そんな小又さんのお掃除は、農園にいい成果をもたらしてくれました。それと同時にうちで働くうちに、小又さん自身も変わっていきました。

最初は体力がなく、半日だけ働いていたのですが、毎日農園に通い、点在しているハウスに歩いて向かい、一生懸命掃除と草取りをする。そんな毎日を続けていたら、1年後には、午後まで仕事ができるようになりました。自然に体力がついていたのです。

それから以前は、こちらが聞き取るのが難しいくらい小さな声でしか話せず、言葉も少なかったのですが、体力もつき、農園のみんなとかかわるようになってからは、声も大きくなり、自分の意見をはっきり人に伝えられるようになりました。「まずは、できることから」と始めたハウスの清掃も、コツコツ地道に取り組んでいるうちに、自然に体力アップやコミュニケーション能力の向上につながっていたのです。

そこで、

「小又さん、掃除以外の仕事もやってみましょう」

ということになり、芽ネギの検品やパック詰め、箱詰めもお願いできるようになりました。

最初は最低賃金の除外申請が必要でしたが、その必要もなくなり、時給も上がりました。今では勤続20年を超える、ベテラン社員として、後輩たちと元気に働いています。

芽ネギの検品作業。種や虫、枯れ、折れなどをしっかり確認

優秀な検品者

京丸園で働く障がいのある人たちが所属する心耕部の仕事の一つに、商品の検品作業があります。それはできあがった芽ネギをチェックして、不備が見つかったらそれをはねていく仕事です。

最初、私は障がいのある人に、この仕事はお願いできないと思い込んでいました。ところが、福祉施設の人たちに相談すると、

「社長、京丸園の検品作業って何ですか？」

「残った種、虫、枯れ、折れ。この四つがないか確認して、見つけたら弾く。そして6パックまとめて輪ゴムで止める作業です」

「ああ、うちにはこだわりの強い子がいるので、その能力を発揮すればできると思いますよ」

と言うので、お願いしてみることにしました。すると、本当に種や虫、枯れや折れを見つけては、ど

んどん弾いてくれます。やらせてみたら彼らはかなり優秀な検品者であることがわかりました。

かたや京丸園には、ダメな検品者もいます。それは誰かというと、かくいう社長の私なのです。経営者の私は、「一株でも多く売りたい」という気持ちが勝ってしまうので、どうしても検品が甘くなりがち。そして性格的に飽きっぽく、同じ作業をずっと続けているのが苦手なので、ずっと検品しているとイライラしてしまうのです。

ところが障がい者のスタッフは、こだわりが強く「ダメなものはダメ」と問答無用で切り捨てていきます。となると私よりも彼らのほうが、検品能力が高い。

ここで考えたいのは「優秀とはどういうことか?」です。一般的に優秀な人材と言われると、複雑な足し算や掛け算、因数分解ができる人を思い浮かべるでしょう。でも、芽ネギの検品は6までの数字をカウントできれば十分ですし、その繰り返しを正確にやってくれる人材が優秀な検品者なのです。

彼らに出会うまで、私も「障がい者だから、検品は無理だろう」と、漠然と考えていました。だけどそれは大きな間違いでした。特別支援学校の先生や福祉施設の職員は、検品とはどんな仕事かを確認して、その内容を細分化していきました。そしてその仕事が得意な人材を見いだして実際にやらせてみて、私たち以上にきちんとできる人がいることを教えてくれました。

人を採用するとき、誰もが「優秀な人材が欲しい」と考えがちですが、障がい者の中には的確な場と仕事が合えば、埋もれている優秀な人がたくさんいます。いつもその人をちゃんと見ていて、「これならできる」「これが得意」という性質を見きわめ、職場との橋渡しができる。そんな「仲介者」がいれば、私たちは「優秀な人材」に巡り会えるのです。

第4章

UNIVERSAL AGRICULTURE

ともに働くための
ノウハウ共有

障がい者の就職先

さて、障がいのある人たちは、特別支援学校を卒業した後、どんな道をたどるのでしょう？

社会に出て働く場合は、企業などに雇用される「一般就労」と、就労系の障がい福祉サービスを活用した「福祉的就労」があります。

かつて町工場や食堂、個人商店など、地域の中小企業が受け皿となって、彼らにできる軽作業や掃除、皿洗いなどを担当してもらうことで、働くことができました。でも、今は機械化や海外移転、チェーン店の台頭などで、そのシステムに合わせて働ける人は採用されるけれど、そうでない人は不採用。地域に働ける場所が減っているのが実情です。

企業に就職するか、福祉施設へ行くか。企業で働くには、都道府県が定める最低賃金のラインは働ける。つまり障がい者の中でも、かなり高い能力が要求されます。

最近の状況を特別支援学校の先生にお聞きすると、最近は「企業で働くより、福祉施設でいいんじゃないか」と考える親御さんが増えているとのことでした。会社に入って世間の荒波にさらされるより、福祉のバリアで守られた中で働くほうがいい。また、福祉施設の中でも就労継続支援A型事業所（通常の事業所では雇用困難だが、雇用契約による就労が可能である者に対して必要な支援を行う事業所。74頁で詳述）として、カフェやパン屋さんなどを運営しているところも多いので、そちらのほうが働きやすいと考えているのかもしれません。

常々私たちが心耕部の障がい者と一緒に働いて思うのは、彼らの働くことへの執着心や意気込みが強いということです。「ここで働こう」「がんばろう」という思いが強い。それは私たちよりも強いと感じることすらあります。それは、何度もいろいろな職場で不採用になり、雇ってもらえなかった体験を繰り返すうち、「なぜ雇ってもらえないんだろう？

ここでものにしなくちゃ」という気持ちがとても強くなっているのだと思います。

障がいにより異なる対応

京丸園では、身体、知的、精神、発達と、それぞれ異なる障がいのある人たちが働いています。一般的に福祉施設では同じ障がいのある人を集めて働くケースが多いのですが、同じ職場に異なる障がいのある人が集まって働く職場は、めずらしいと言われています。ひと口に障がい者といっても、その障がいの種類や度合いはさまざま。農園の作業のシステムに合わせて配置するのではなく、彼らの苦手なこと、得意なこと、体力や個性に合わせて仕事をマッチングしています。それぞれの障がいの違いや特性を見てみましょう。

身体障がい

手に麻痺がある場合には、片手で作業できる仕組みを整えています。人によって動かしてはいけない部分があったり、リハビリ的に動かしたほうがいい部分があったりするので、その人の障がいのある部位や程度によって、作業内容を変えたり、作業を補助する専用の機械を開発することもあります。

知的障がいと精神障がい

同じ現場で働いていても、知的障がいのある人と精神障がいのある人は明らかに違います。例えば、知的障がいのある人たちは、他の仲間やスタッフと一緒にいるのはあまり苦ではないように思えます。一方、精神障がいのあるスタッフは、人と一緒にいるのが苦手な人が多いようです。人口密度が高い場所にいると、他の人が気になって集中できないことが多いのですが、逆に広い空間で、一人で黙々と作業するのが好きだったりします。

知的障がいのある人がみんなと一緒に作業していて、手が止まっていたり、スピードがゆっくりになっていたら、「もうちょっとがんばろう」と、多少激励の声をかけてあげたほうがいい。

ところが精神障がいのある人に同じように「がんばれ！」と言うと、プレッシャーを感じて挫けてしまう。彼らには「無理するなよ」と声がけします。障がいの違いは、声がけも大きく変わるということを福祉の方々に教わりました。

障がい者雇用の中で、精神障がい者は、いちばん雇用が遅れたジャンルです。それはなぜか？　精神障がいのある人たちは、調子のいいときは一般人と変わらないくらい仕事ができたりします。だけどそれには波があって、調子の悪い日は職場に来れなくなってしまう。だからいつ休むかわからない。

一方、知的障がいのある人たちは、全体的に仕事をこなす能力は低いのですが、あまり休みません。作業量が安定しているので、計算できる。だから雇うほうも使いやすい。だけど精神障がいのある人たちは、できるときはできるけど、ダメなときは来ない。いつ休むわからない人に仕事は出しにくい。それが雇用の進まなかった理由です。

彼らにうちの仕事は無理なんだろうか？　と思案していると、障害者就業・生活支援センターの人たちが教えてくれました。

「彼ら（精神障がいのある人たち）の能力を100％使っちゃダメだ。3人で一つのチームをつくって、50％ずつの能力で働く仕組みをつくるといい。それも屋外で。きっとうまくいくから」

つまり、一つの仕事を3人で半分ずつ力を出してやります。すると全体で150％。一人休んでも、ちょっとがんばって残りの二人が75％ずつ能力を出し合って補完してくれれば、仕事に穴は空きません。これを3人一組の「グループ就労」といいますが、やってみると本当にうまくいきました。

こうして普段は無理なく働いて、誰かが急に休んでも、仕事に穴が空かない仕組みをまずつくります。すると、雇用する私たちも安心して雇えるようになります。その後、その形を繰り返していくと、だんだん彼らも「ここで働ける」と自信がついてきて、休まないようになってくる。すると雇用も安定してきて、徐々に仕事量を増やしていける。一連の「グループ就労」の流れは、精神に障がいのある人を雇用する際の一つのモデルにもなっています。

最初は能力の半分ぐらいの作業量から始めて、急に休んでも仲間が補完してくれるから、だいじょうぶ。その代わり仲間が休んだとき、自分がいつもよりがんばればいい。そんな安心感が生まれて、休みも減って、作業量も上がって、いよいよ時給アップとなったとき、本人に、

「よくがんばった！　来月から給料上げるからね」

と、直接言わないようにしています。

「えっ、なぜ？」「給料上がったら、うれしいじゃん」と思うかもしれません。だけど、彼らは違ったのです。給料が上がる＝もっとがんばらないといけないと捉えてしまう。それをプレッシャーに感じてしまって、せっかく時給が上がったのに、職場に来れなくなってしまった、なんてこともありました。だから時給を上げるときは、何もいわずにこっそり。そんな配慮も必要なのです。

発達障がい

「発達障がい」は、比較的近年多く見られるようになった障がいで、大人になってから生きづらさを感じて、それに自分がそうだと気づく人も多いようです。今では専門の療育機関もあり、子どものうちから診療を受けている人も多い分野です。

とはいえ、発達障がいのある人たちは、近年突然現れたのではなく、昔は「ちょっと変わった子」といわれていた人たちのように思います。一つのことになかなか集中できなかったり、逆に固執しすぎてしまったり、また集団行動が苦手で同じ部屋にいられないなどの傾向がある人もいます。

昔はまわりの環境や人間が、彼らの特徴に合わせることで、社会生活を送れていたと思うのですが、今ではそれを「障がい」と呼ばなければいけない世の中になってしまいました。変わったのは子どもや人間ではなく、社会のほうなのかもしれません。世

の中の許容範囲が狭まって、彼らに対応できなくなってしまっている。人口と子どもの数は減っているのに、障がい者が増えているのは、それぐらい生きづらい世の中の証明だともいわれています。それでも農業なら、彼らが無理なく働ける場所をつくれるのではないか。私はそう考えています。

障がい者たちの時給

そもそも障がいのある人たちは、いくらぐらいの時給で働いているのでしょう?

今、静岡県の最低賃金は、時給944円(2022年10月現在)。でも、うちの農園には、障がいの度合いや体力に応じて、それに満たない金額で働いている人もいます。その場合、彼らに支払う時給を、私たちが自分で勝手に決めると、法律違反になってしまいます。障がい者を雇用するとき、管轄の労働基準監督署に、「最低賃金の除外申請」を行います。すると国の基準に従って、その人の能力を審査して、それに見合った時給を決めてもらえます。

このように正規の手続きを踏めば、最低賃金には満たないまでも、その能力に見合った時給で、雇用することができるのです。

京丸園で働くには

国に申請する前に、これから雇う人がどれくらいの能力をもっているのか。農園の仕事に合わせた基準を定めておかないと、能力を判定できません。そこで、京丸園では「京丸ナビゲーションマップ」をつくりました(**表4-1**)。

これは仕事の種類と難易度を表したものです。それぞれの作業を細分化して、「できる・できない」で判断する。うちの農園で、いちばん簡単なのが「1のレベル1」の「掃除・草取り」です。つまりこの掃除と草取りができない人は、うちの農場では

表4－1　京丸ナビゲーションマップ（京丸園）

	作　業	レベル1	レベル2	レベル3	レベル4	レベル5	レベル6
1	掃除・草取り	汚れ判断・一人作業	一定作業量可	虫トレーラー可			
2	トレー・コンテナ洗い	汚れ判断・一人作業	洗浄機使用可	質・量			
3	段ボール組み立て		作業手順	正確・量			
4	チンゲンサイ定植		立ち作業	正確・量	苗の品質区別		
5	チンゲンサイ収穫			刃物使用	正確・箱詰め	品質変化対応	目標収穫量
6	姫みつば下葉取り				正確作業	品質変化対応	目標量対応

注：「障害者雇用と Construction Living を活用したメンタルヘルスの取り組み」日本産業カウンセリング学会（2012 年）で発表

働けません。

掃除をするときに、汚れているところとそうでない場所が判断できる。同じ場所に野菜と雑草が生えていたら、雑草だけを選んで抜ける。そんな能力も要求されます。それから「一人で仕事ができる」。つまり、誰かが見ていないとどこかへ行ってしまうような人、一人でトイレに行けない人は、「申しわけないけれど、福祉施設でもう少し訓練してから来てください」とお願いしています。

自力で通勤可能で一人で作業できて、トイレに行ける。ゴミが落ちていたら拾える。草と野菜の判別ができる。これができれば、訓練開始。そしてそれに見合った時給もお支払いします。

マップ上では農園の作業が6段階、それぞれ6レベルに分かれています。マップの「4のレベル3」。チンゲンサイの定植を、正確に的確なスピードでできる。このレベルより上の作業ができれば、最低賃金の除外申請は行いません。つまり、一般の人と同じ、時給944円から働けるということです。

企業か福祉施設か

障がいのある人たちが働く場としての選択肢には、一般企業の障がい者就労枠か、就労継続支援の福祉施設があります。後者には、雇用契約に基づく就労が可能な者と雇用契約を結ぶ雇用型のA型事業所、雇用契約を結ばず就労機会を提供する非雇用型のB型事業所があります。

ちなみに一般企業に所属すると、月額15万円程度が支給されます。福祉施設の場合、A型事業所の平均は月額7万9625円。B型事業所の場合、1万5776円となっています（2020年度厚生労働省「障害者の就労支援対策の状況」より）。

厚生労働省の「障害者総合支援法における就労系障害福祉サービス」によれば、就労継続支援A型とB型の事業内容は次の通りです。

A型事業所は「通常の事業所に雇用されることが困難であり、雇用契約に基づく就労が可能である者に対して、雇用契約の締結等による就労の機会の提供及び生産活動の機会の提供その他の就労に必要な知識及び能力の向上のために必要な訓練等の支援を行う」とし、B型事業所は「雇用契約に基づく就労が困難である者に対して、就労の機会の提供及び生産活動の機会の提供その他の就労に必要な知識及び能力の向上のために必要な訓練その他の必要な支援を行う」としています。

国保連（国民健康保険団体連合会）のデータによれば、2021（令和3）年4月現在、全国でA型は3946事業所、B型は1万4060事業所となっています。

A型事業所で働くのと企業で働くのとでは約2倍、B型事業所とでは10倍以上給料が違うのです。

障がいのある人が、一般企業で働くのと福祉施設で働くのでは、1か月働いた給料があまりに違いすぎる。企業就労が難しい人たちでも、もっと稼げる場はないだろうか？　私たちは、福祉事業所ではあ

京丸園の水耕部、土耕部、心耕部スタッフの集合

りませんが、そのゾーンに属する障がい者を雇用して、ともに成長していきたいと考えています。

一般企業では採用に至らないけれど、福祉施設では働ける人たち。福祉系の事業所から産業界へステップアップする中間地点として、うちの農園を位置づけられないだろうか。私は常々そんなことを提案しています。

時間をかけてスキルアップ

一方、企業というのは、できるだけ最低賃金を稼ぐ能力のある人を採用したいわけで、それに満たない人たちをなかなか採用したがりません。

次頁の**図4-1**の「スキルアップによる時給の推移」をご覧ください。2008年当時、静岡県の最低賃金は720円だったのですが、当時京丸園で採用した人たちの最初の時給を決めるとき、最低賃金除外者対象として労基署に判定していただいたとこ

図４－１　スキルアップによる時給の推移（例）

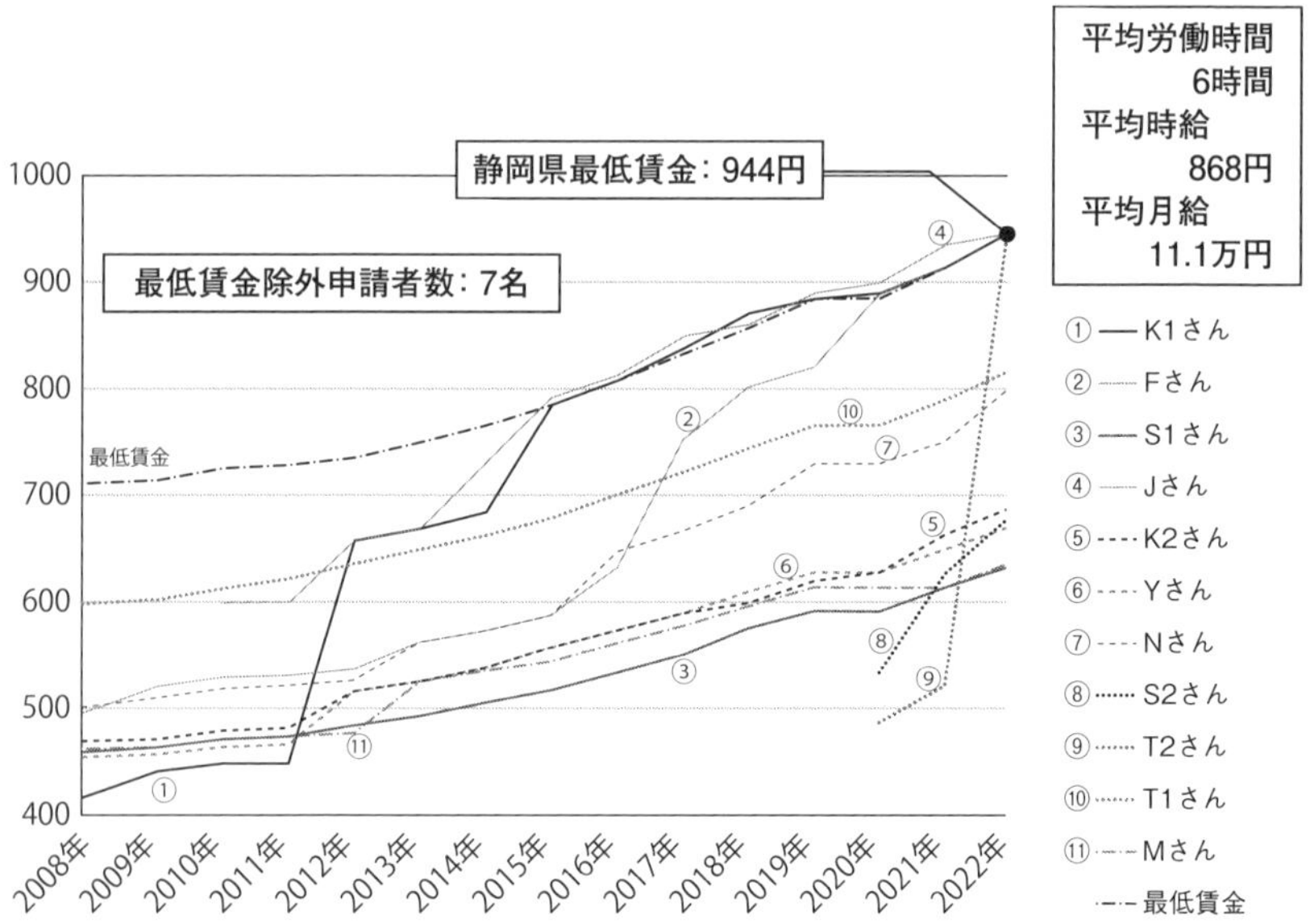

ろ、時給４００円台の人が多かったのです。

最初は最低賃金の半分ぐらいの時給からスタートしたのですが、それでも月５万～６万円はお支払いしていました。今は、22人の平均で月10万円ぐらい稼ぐようになりました。

そう考えると、福祉施設の事業所で月１万～２万円で働いている人も、企業の中で賃金の判定をして、働き始めれば、５万～６万円の収入になる可能性があるのです。

そして、このグラフの中の①Ｋ１さんをご覧ください。彼女は最初に働き始めたとき、時給は４００円台でした。最初の３年は体力不足で午前中しか働けませんでした。

ところが３年間働き続けると、体力がアップして午後も働けるようになり別の仕事にも挑戦し、４年目から６００円台にアップしています。その後、「新しい仕事もやってみよう」と提案したら、本人もやる気になって、検品作業ができるようになりました。これはかなりスキルを要する仕事なので、毎年時給が上がって7年目には、最低賃金に追いつきました。こうしてK1さんは現在、944円。一般の人と同じ時給で働けるようになりました。

JさんやNさん、Fさんについても、それぞれ時間はかかりますが、徐々に時給を上げて最低賃金に追いついています。障がいのある人たちと働くうえで、とても価値のあることだと考えています。

ただ、全員の時給をそこまで上げられるかというと、まだそこに至っていない人たちも、3人いることがわかります。

この3人の時給が、いまだに最低賃金まで伸びていないのは、明らかに私たちの力不足だと思います。また、本人やご家族が、これ以上求めていないケースもあります。ですが、これまでの22人の障がい者を雇用した経験から、最初は最低賃金の半分くらいの時給でスタートしても、半分以上の人たちは「時間をかければもっと上げられる」ということが、わかってきたのです。

ということは、今、福祉施設で働いている人たちを、産業界＝事業から得た利益から納税している場所に迎え入れることができれば、最初は最低賃金を切っていても、対価として時給を払って、スキルが上がっていくのに応じて、少しずつ上げていくことができる。障がいのある人を一人でも多く産業界に迎え入れる一つの手法として、時間はかかるにせよ農業分野でじっくり働くことが有効なのではないか。だとしたら、それはもう一つの農業そのものの価値なのではないか。私はそう思うのです。

障がい者の労務管理

障がい者を雇用するとき、はじめに「あなたはどういう働き方をしたいですか？」と尋ねます。その人の体力や障がいの度合い、働ける時間帯を聞いて、その範囲でできる仕事を私たちが用意します。「あなたの能力と一致したお給料をお支払いします。最初は最低賃金を切るかもしれません。その代わり無理をしないで長く働いてください。少しずつ能力もお給料も上げていきましょう」

と説明します。そして本採用になるまでの試用期間を設けます。それは1か月だったり、3か月だったり。場合によっては半年から1年かけて採用の可能性を探ることもあります。知的障がい者や身体障がい者の場合は、比較的短期間で終わるのですが、それに比べて精神障がいや発達障がいを抱える人たちは、時間がかかる傾向があります。

最終的に今うちで働いているのは、障がいの内容や度合いに関係なく、「ここで働きたい」という意志が強い人が多いように思います。中には、ほかで何度も断られた経験をもつ人も少なくありません。京丸園で働くには、それなりに訓練が必要だったり、能力によっては最低賃金を下回る時給で働くことをお願いすることもあります。中には、

「最低賃金を支払ってもらえなければ、働きません」

と言う人もいます。でもうちは能力と賃金を一致させることを旨としているので、最初は時給が最低賃金より低くなっても「それでもここで働きたい」という方を採用します。

最低賃金を除外する＝安く使っている、と感じる人もいるでしょう。たとえば基準に達しない能力の人に最低賃金を払う。それでも私は仕事をしてもらった後に「ありがとう」と言います。だけどその心の奥底ではその後に、「ちょっと足りないけど」って気持ちがどうしてもついて回ってしまう。でも、能力と時給が一致していると、純粋に「ありがとう」と言えるのです。言葉には出していませんが、そんな私の心の奥底を、彼らは敏感に読み取っているような気がします。

能力と時給が一致すれば、心から「ありがとう」と言える。それならまわりになんと言われようと、きちんと労働基準監督署の審査を受けて合法的に能力に見合った時給をお支払いすればいい。そしてどうすれば能力と時給を上げられるか、一緒に考えていく。それもまたユニバーサル農業に根ざした労務

管理のあり方だと思います。

パネルを投げたHくん

ひと口に障がい者雇用といっても、その能力や事情は人それぞれで、最初は私たちもわからないことだらけ。何か「事件」が起きるたび、妻の緑と頭を抱えて考えさせられる日々でした。中でも精神障がいや発達障がいのある人とのかかわりは難しい面が多かったと思います。

障がいの有無にかかわらず、京丸園の採用条件は以下の三つ。

- **本人に働く意志がある**
- **自力で通勤できる**
- **人に迷惑をかけない**

ごくごく当たり前のシンプルなものです。

ところがあるとき、精神障がいのあるHくんが、作業の途中で何かにいら立ち、水耕野菜を育てる大きなパネルを人に向かって投げつけたのです。幸いにもぶつからなかったので、ある意味私は「セーフかな」と思って見ていたのですが、彼を連れてきた障害者就業・生活支援センターの担当者に、ことの次第を説明すると、

「即解雇してください！」

と言うのです。当時はまだ障がい者雇用に慣れていなかった私たちは、

「まあまあ、人には当たらなかったし、ケガ人が出たわけでもないので、そこまで言わなくても……」

と思ったのですが、働く現場ではどんなにイヤな気持ちになっても、そんなことをしてはいけない。それは障がいがあるからといって許されることじゃない。彼のこれからを考えると、教育的な意味でもそこは厳しく伝えなければという担当者の思いを感じました。たとえ障がいがあっても、社会に出て働く以上、人に迷惑をかけてはいけない。そこは外せ

ない条件です。

そんなHくんは、時々小さなトラブルを起こしたものの、今も元気に京丸園で働いています。閉鎖された空間や他者との接触が苦手な彼でしたが、今ではたくさんの人たちで行う調整作業場の中で資材の準備や検品作業をし、農園にとってなくてはならない存在です。

身の上話が止まらない

障がい者の中には、本人だけでなく、家族に問題を抱えている人も多いのです。女性社員のCさんは、昼休みになると、

「昨日、お母さんとケンカして……」

「お父さんとお母さんがケンカして」

といった話が出ることもあります。

「そうか。大変だね。うんうん」

と話を聞いているうちに、昼休みは終わってしまい、

「もう1時だから仕事をしましょう」

と、いったん話を打ち切りました。いつも通り農園に戻って仕事を始めて間もなく、彼女が
「バカヤロー！」

と叫び出したのです。こちらはびっくりして、

「えっ、どうしたの？」

と尋ねると、

「人の話を途中で打ち切るなんて、ひどい。私は今、仕事どころじゃないんですっ！」

と言うのです。もっともっと話したいことがあって、頭がそれでいっぱいになって、仕事のできる精神状態ではなくなっていたのですね。

京丸園で働く障がい者22名は「心耕部」に所属していて、総務の妻と担当者の職員との二人で、全員の仕事を管理しています。担当者も最初のうちは世間話のつもりで、Cさんの身の上話を休み時間に聞いていました。ところが一度聞いてあげると終業後も夜も休みの日もひっきりなしに電話がかかってく

るのです。これでは話を聞くほうがどんどん辛くなり、ストレスがたまり、心が折れてしまいます。

「どうすればいいでしょう？」

福祉の専門家に相談しました。

「精神障がいの人たちの話を聞くときは、とことん聞いてあげないとダメです。一緒に働く人たちは、聞くか聞かないか、どちらかに決めましょう。24時間つきあう覚悟がなければ、聞かないこと。話は聞かずに福祉の人に相談するようにしてください」

とのことでした。

ふだん私たちは、家庭や学校や職場でイヤなことがあっても、無意識にそれはそれ、仕事は仕事で切り分けて過ごしています。でも、精神障がい者の場合はそれをずーっと引きずった状態になってしまうのです。Cさんには、

「とにかく職場では家庭や生活の話はやめましょう。何かあったら福祉の専門家に聞いてもらいましょうね」

とお願いしました。すると彼女は前より仕事に集中できるようになりました。困ったら仕事場ではなく、別の場所に話を聞いてもらえる人がいる。その安心感とメリハリができたことが、働く障がい者をよい方向に向かわせたと思います。

これがもし、多くの障がい者を雇用する大企業なら、彼らの話を受け止められる福祉専門の職員を社内に一人置くことができるでしょう。また福祉が出発点の農場なら、障がい者の割合に対して一人の担当者をつけて、悩みや相談を聞く体制がつくれたりします。でも、うちのような小さな会社にはそこまではできません。もし、障がい者を見る担当者を何人も置いたら、そのぶんのお給料を彼らのぶんから差し引かなければなりません。

だから社外の福祉の専門家にお願いする。もし、社内でトラブルがあっても、第三者が客観的に見ることができるので、的確にアドバイスできます。京丸園で働く人は、家庭と職場以外にもう一つ、相談に乗ってくれる福祉の窓口をもつ。それが必須になってきています。

通常20人以上の障がい者を雇用していたら、それを妻と一人の女性スタッフに任せるなんてことはできません。でも、京丸園ではなぜそれができるのか。まず、障がいについての問題や生活面のトラブルについて、基本的にうちの農園では相談には乗りません。その代わり地元の「障害者就業・生活支援センター」に相談を持ちかけられる仕組みをつくっています（**図4-2**）。

図4－2　京丸園ネットワークの構築

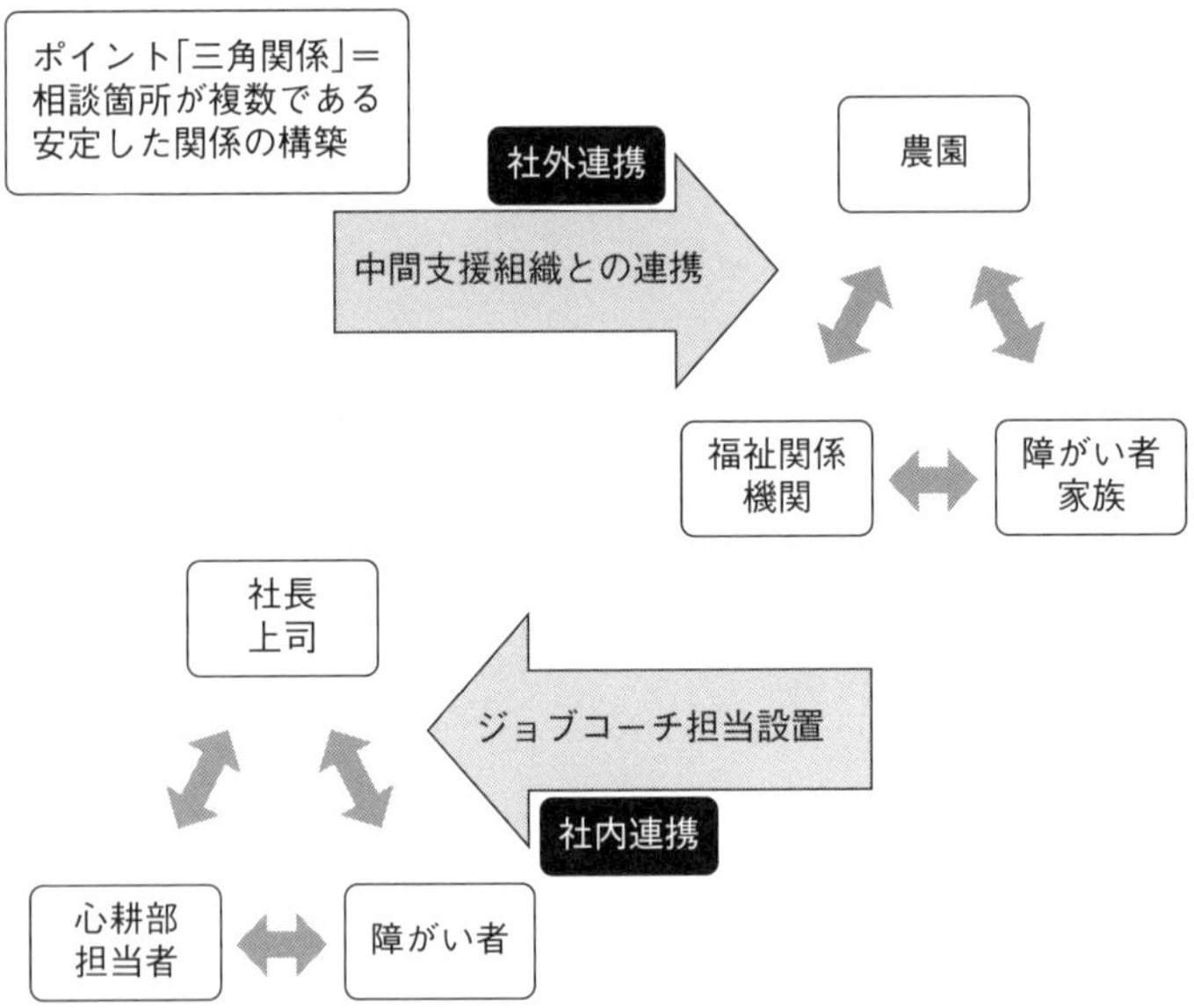

そしてジョブコーチ（職場適応援助者で配置型、訪問型、企業在籍型がある）や担当者がいなくても、基本的に一人で仕事ができるような仕組みをつくっています。さらに社員たちは、みんな福祉の勉強をしていて企業在籍型ジョブコーチ（7名）や生活相談員（12名）などの資格をもっています。パートさんにも、誰かが困っていたら声をかけてもらえるようにしている。こうしてスタッフみんなが、福祉的な考えやノウハウを共有していることもまた、京丸園の強みなのです。

第5章

UNIVERSAL
AGRICULTURE

ユニバーサルな野菜と農業機械

ユニバーサルな野菜をつくろう

私たちが1年に一人ずつ障がい者の雇用を始めて8年が過ぎた2004年。京丸園はそれまでの家族経営から、株式会社として法人化を果たしました。そして、障がいのある4人とまだ農業を知らない素人の新人を一人採用して、新たな事業を始めようと考えたのです。

このとき私は、

「もう一つ、京丸園の主軸になる新しい商品がほしい」

と思いました。

思えば主力ブランドの「京丸姫ねぎ」は、障がい者雇用を始める以前からつくっていたものですし、「姫みつば」はもともと父が栽培していたミツバを、ミニサイズ化したものでした。新しい作物は、これまで障がい者雇用の取り組みから学んできた、ユニバーサル農業の考えやノウハウを生かした「ユニバーサルな野菜」にしたい。

さて、そこで何をつくろうか？　あれこれ考え始めました。

そもそも障がいのある人たちは複雑な作業が苦手です。移植や調製作業など、作業工程が多ければ多いほど、仕事がやりにくくなるからです。芽ネギは種を取ったり、ミツバは下葉を取り除いたり、なにかと調製作業が多いので、あまり適しているとはいえません。

とにかく栽培して収穫したら、根を切るだけでそのまま商品になる野菜がいい。水耕栽培に適した野菜は多数ありますが、「ワンカットで出荷可能」となると、選択肢はグッと狭まってきます。

こうして検討に検討を重ねた結果、最終選考に残った野菜は、レタスとチンゲンサイ（青梗菜）でした。

「よーし、小さなチンゲンサイをつくろう！」

そう決めました。

苗を誰がつくるのか

なぜチンゲンサイが、ユニバーサル農業に適しているのでしょう？　私たちが所属する「ＪＡとぴあ浜松」は、とにかく取り扱う農産物の品目が多いことで知られています。なかでもチンゲンサイは市町村別生産量第1位の品目です。

チンゲンサイといえば、一般に出回っているのは、長さ20～25㎝のサイズが多いのですが、京丸園でそのミニサイズでつくったら、どうだろう？　大きなチンゲンサイの日本一の産地から一緒に全国へ出て行けば、「おっ、こんな小さいのもあるんだ」「小さくてかわいいな」「切らずに丸ごと使えるぞ」と、目を留めてくださる料理人、ホテル関係者の方も多いのではないかと考えました。

よし、新しい作物はミニチンゲンサイに決定。次は栽培方法です。それまでの芽ネギやミツバは、種をまいて苗をつくる作業から農場でやっていました。ですから当初は、チンゲンサイも障がいのあるスタッフに、播種と育苗作業からお願いしようと考えていました。

ところが、それを社員たちに相談したところ、

「社長、それはまずくないですか？」

「なぜ？」

「新しい社員は、みんな素人ですよね。しかも障がいあるんですよね。いちばん大事な苗づくりを彼らに任せていいんですか？　もし、失敗したら、責任取れませんよね？」

「うーん、確かにそうだな」

「彼らに責任が取れないような仕事を出したら、社長が悪いって言われますよね。ということは、この仕事を彼らに任せちゃいけないんじゃないですか」

そこで福祉施設の人たちにも相談しました。

「チンゲンサイの種まきを、障がい者にお願いしたいと思うんだけど、失敗する可能性もある。そういう場合、どうしますか？」

「やりません。責任が取れない仕事は、受けられません」

「ですよね。では、どうすればいいでしょう？」

「確実にできる人にやってもらえばいいじゃないですか」

「うーん……」

昔から野菜づくりは「苗半作」と言われています。つまり苗の段階で半分は仕上がりが決まる。それくらい苗づくりは重要で、ここで失敗したら取り返しがつきません。

しかも京丸園の場合、出荷している野菜の大部分が小さな葉物野菜。他の野菜に比べて、播種から発芽、出荷までの栽培期間も短く、苗の出来具合が「半作」どころか全体の「8割」以上を占めているといっていいくらい、とても重要な工程なのです。失敗のリスクとその責任を考えると、それを無理に障がいのある人たちにお願いしてはいけないのだと思えてきました。

そこで私は思い切った決断をしました。

「よし、苗はプロの専門業者に任せよう」

種をまき、苗を育てる段階を、苗の専門業者に任せて、お金を出して苗を購入することにしました。つまり育苗のアウトソーシング（業務の外部委託）。生産者の私にしてみれば、育苗は腕の見せどころ。自社でやらなくてどうする？ 自分の仕事を8割放棄するのか？ と何度も逡巡しました。

だけど野菜に合わせるのがこれまでの農業なら、働く人の事情に合わせてつくり方を変えていくのがユニバーサル農業です。結果的にお金を払って、苗を購入し、それをうちの施設で育てて出荷していこうと決めました。

その後、農園には専用のセルトレイに並んだ小さなチンゲンサイの苗が届くようになりました。芽ネギとミツバはウレタンの培地に種子をまいて、そこから育てていましたが、チンゲンサイの苗の根には培土がついています。というのも、いろいろ探しても水耕栽培用にチンゲンサイの苗をつくっている業者がいないのです。いずれも土で栽培されることを前提につくられていました。

「うーん、土がついたまま水耕栽培で育てよう」

そこで土耕用の苗をウレタンのマットに挿し、その根が養液から養分を吸収して成長させる「前半は土耕、後半は水耕」という京丸園独自の栽培方法を考えました。

専門の業者から農園に届くのは、その道のプロが種をまいて育て、吟味された生きのよい元気な苗です。きっちり吟味されているので、この段階でもう全体の8割ができているのと同じ。それを障がいのある人たちが、がんばって残りの2割を育ててくれればいい。こうして京丸園の第三の主力となるミニサイズのチンゲンサイの栽培が始まりました。

誰でもまっすぐ植えるには？

さっそく苗の定植をお願いしました。小さな緑色の葉の根元をつまんで、セルトレイから外すと、まっ白な根が培土に絡まっていて、スポッと取り出すことができます。これを1本ずつ水耕栽培用に穴の空いた白いパネルに定植していくのが、私たちの仕事です。

「育苗のプロがつくった苗だから、きっとうまくいくはず」

そう思って意気揚々と始めたのですが、いざ障がい者のスタッフに定植作業をお願いしてみると、植え方が深すぎたり、浅かったり、はたまた斜め植えになってしまったり……。もうバラバラ。後から社員や私たちが手直ししなければなりませんでした。

「うーん、これはどうしたものか」

きっとうまくいくと思っていたのに。そこで私も考え込んでしまいました。

よく保育園や幼稚園の子どもたちが、農業体験で畑にサツマイモの苗を植えますよね。すると苗はあっちに向いたりこっちに向いたり、深かったり浅かったりてんでんバラバラ。そのままにしておくとイモはちゃんと育たないので、後から先生方や農家の人が苗を土に挿し直したりしています。

それでも子どもたちが、「僕らは仕事をしたんだからお金をください」と言ったら、大人たちは「とんでもない！　後から大人に直してもらっているんだから、そんなの仕事をしたうちに入らない」と言うでしょう。

チンゲンサイの苗をまっすぐにきちんと植えられない状態は、そんな子どもたちと一緒だと思うのです。本人はちゃんと植えたつもりでも、後から別の人間が手直ししているのだから、正規の金額のお給料は渡せない。後から見直して手直しした人のぶんを差し引かなければならない。となると、障がい者の手元にはわずかな金額しか残りません。

「うーん、このままでは続かない。どうすればいいんだろう？」

単純に考えて、この問題には二つの解決法があります。一つは、彼らがまっすぐに苗を植えられるようになるまで徹底的に訓練する。もう一つは、誰がやってもまっすぐ植えられるような仕組みをつくり出す。ユニバーサル農業は、後者の道を選びます。誰が植えても100点になる仕組みに挑戦です。

苗の重さを利用して……

苗を何度もつまみ上げながら、考えました。

「誰がやっても苗がまん中にまっすぐ収まるようにするには、どうすればいいだろう？」

チンゲンサイの苗は、これまでウレタンで育てていたネギやミツバと違い、培土がついているぶん重みがあります。

「他の苗より重いから、これを持ち上げて指を離せば、まっすぐ落ちる。この苗の重力を利用すればいいんじゃないか」

次に着目したのは、苗の形です。培土は均一ではなく株元が太く、先端が細く、円錐形になっているから、この形に合わせてパネルを成型すれば、苗が浮いたり沈んだり、傾いたりすることなく、スポッとはめることができるのでは？

　こうして、パネルを製造しているスチロール（合成樹脂）業者の方にお願いして、上から落としただけでまっすぐ苗が収まるような形のパネルをつくっていただきました。何度も試作を重ねて、サンプルが届くたびに、上から苗を落とす実験の繰り返し。


　こうしてようやく現在の形のパネルができあがりました。

「いいですか。苗を穴の真上で持って、そのまま手を放してください」

　するとスポッと、苗はまん中にまっすぐ落下して着地します。こうすれば誰だって１００点満点。

ミニチンゲンサイの苗を落とし、穴に収める

きっちり均一に成長するミニチンゲンサイ

根をカットするだけで出荷可能に

人をコントロールして問題を解決するのではなく、人に合わせて仕組みを変えていく。それがユニバーサル農業の原点ともいうべき考え方です。だから、誰もがきっちり定植できる方法を考えました。苗に合わせてパネルの形を変えたことで、スピードの差こそあれ、プロの農家も障がい者も、同じようにきちんと植えられるようになったのです。

唯一無二の商品を

以前、オランダのノーテンボーンさんが言っていました。

「我々には手数《てかず》がある。だから、ほかの農園がやらないことをすればいい」

彼がプロの農家は誰もつくらない小さなアイビーの鉢植えを選んだように、私もミニサイズのチンゲンサイをつくり始めました。長さは10㎝。通常の半分以下のサイズです。

「これなら切らずに丸ごとお皿に載せられる」と、ホテルや料亭の料理人の方たちに歓迎され、そこそこ売れるようになりました。でもそれだけでは市場が小さすぎるので、後からひと回り大きな16～18㎝の「京丸ミニちんげん」も栽培するようになりました。

通常、野菜というのは、kg単位で換算して販売されます。ところがうちの小さなチンゲンサイを大きなチンゲンサイと同じようにkg単位で販売したら、ものすごい本数が必要で、採算が合わなくなってしまいます。

また、京丸園の野菜は全量地元のＪＡとぴあ浜松、ＪＡ静岡経済連を通して市場出荷しています。一般的にチンゲンサイは、市場出荷すると全体の生産量や他産地の価格、消費者の購買動向などに応じて日々価格が変動します。となると同じ商品でも「昨日は1kg当たり３００円で売れたのに、今日は１００円だった」なんてこともザラ。そんなふうに相場に振り回されるのも困ります。

小ぶりの「姫ちんげん」

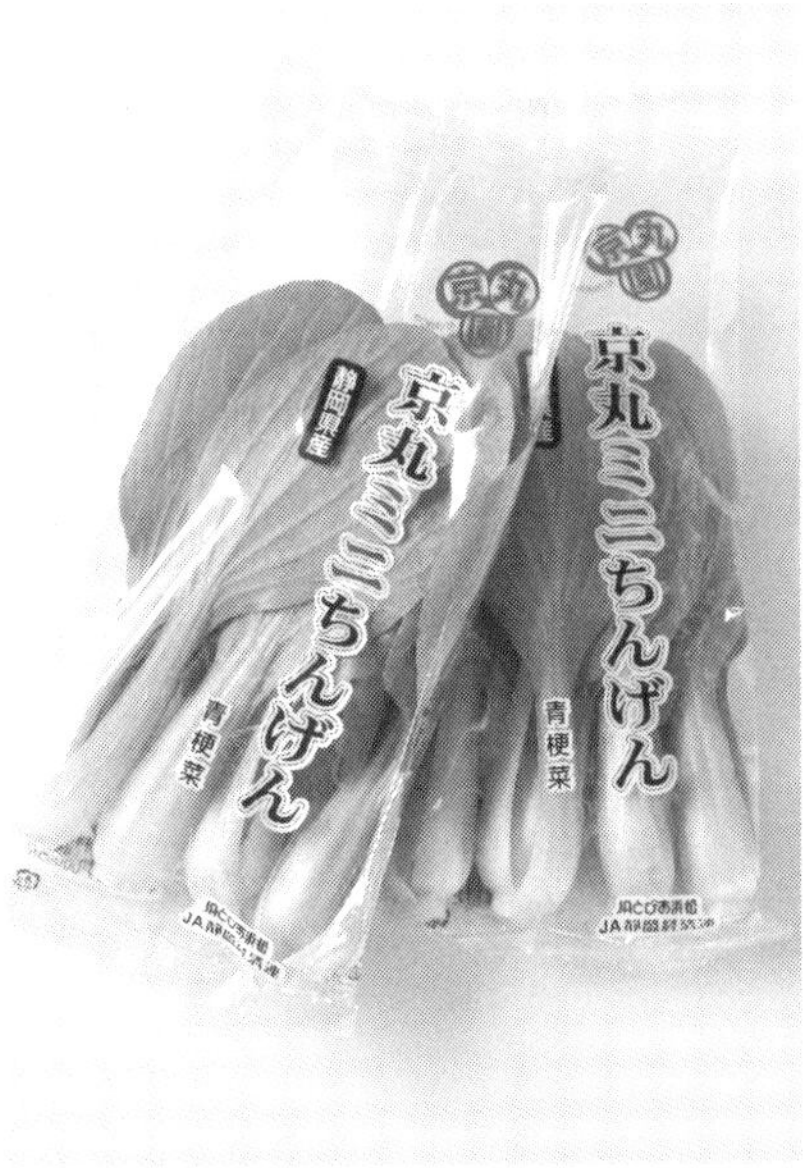

長さ16～18cmの「ミニちんげん」

そこでkg単位ではなく、1本当たりの定価を設定して販売することにしました。うちは全量農協出荷なのに、なぜそれが可能なのか？　小さなチンゲンサイを1日2万本つくって出荷できる。そんな農園は日本全国探しても、ほかにないからです。

おそらく、京丸園の小さなチンゲンサイを購入された方の大多数は、それを障がいのある人たちがつくっていることを、知らずにいるでしょう。それでも自分たちで苗をつくらずに、商品として差別化できたのです。

有利に定価で販売できて、京丸園の1部門としても確実に利益をあげています。自力で苗をつくれない。定植はスポッと穴に入れるだけ。障がい者次元で構築した栽培方法やシステムが、全国の誰にも真似できない、唯一無二の商品を生み出したのです。

そもそも障がいのある人たちというのは、特徴的な個性の持ち主でもあります。彼らの特性に合わせて作業をデザインしていたら、いつのまにか唯一無二のものに行き着いていていました。

彼らにあえて健常者と同じような働き方をさせて、どこかで無理が生じてパンクさせてしまうより、逆に彼らにとことん従って、彼らが働きやすい場所を徹底的に追求して商品開発を進めていった結果、自然に差別化した商品が生まれたわけです。

今、京丸園では、特例子会社「ＣＴＣひなり」の人たちに、1日2万本、年間５００万本の小さなチンゲンサイの定植や収穫を手伝ってもらっています。もし、あのとき自社育苗にこだわって苗づくりからやっていたら、ここまで生産量を伸ばすことも、毎日安定的に出荷することもできなかったでしょう。きっちり育ってパッケージされ、誇らしげに農園から出荷されるチンゲンサイを見るたび、「あのときのあの決断は、間違っていなかった」、そう思えるのです。

■半自動の機械がちょうどいい

京丸園で私たちが育てているミニ野菜の水耕栽培では、膨大な数の発泡スチロール製のトレイを使います。その数は大小合わせて1日３０００枚。トレイの汚れは病害虫の発生につながるので、これをきれいに洗うことも障がい者のスタッフにお願いしている大切な仕事です。

その中で、芽ネギに使う小さなトレイは、ブラシでこする速さや強さについて具体的な指示を出しても、均一に洗うのが難しいと感じていました。

「誰が洗ってもきれいになる、そんな洗浄機が欲しい」

そこで、高校時代にうちへ研修に来て以来、ずっと働いている山内くんが使うことを想定して、芽ネギトレイの洗浄機の設計を、地元のあるメーカーにお願いしました。

「右手が不自由な若者が、無理なく使えるようにしてください」

「はい。わかりましたー」

しばらくすると、発注したメーカーの担当者が、設計図を携えてやってきました。

「このマシンは全自動でトレイを洗います」

と自信満々。トレイの洗浄から乾燥まで、一気に無人でできてしまうマシンでした。しかも、値段は一台１０００万円。担当者のプレゼンによると、

「これ一台あれば、もう人手はいりません。たしかに高価ですが、そのぶん人件費を削減できますよ」

とのこと。私はすかさずその提案を断りました。

「それはダメです。私がオーダーしたのは、山内くんの力を引き出す機械であって、仕事を奪う機械ではありません」

すると担当者はこう言うのです。

「人を減らしたいから機械化するんですよね？」

「いやいや、私がオーダーしたのは、うちで働く障がい者の能力を活かして、『もっときれいに・たくさんトレイが洗える』、そんな機械なんです」

そんな私の考えに理解を示して、理想の機械を設計しようとしてくれるメーカーは、なかなか現れませんでした。

プロジェクトチームを結成

あるとき、勉強会で知り合った、沼津市の板橋工機株式会社の河合浩史《ひろし》社長がやってきて、私の話を聞いてくれました。

「ああ、トレイを洗う人が今より働きやすくなればいいんですよね。それなら半自動のマシンでいいですね。トレイの出し入れは担当者が行って、モーターでブラシを回してそこにトレイを入れる。洗いムラをなくして、人の能力を活かしながら、『できないところ・苦手な部分を機械が補う』。そんなマシンでいいですか？」

「そうです、そうです。ずっとそういう機械が欲しかったんです」

それから芽ネギトレイの洗浄機について、メーカーの技術者、農業者の私、作業療法士が集まり、それぞれの専門知識を集結させて、プロジェクト

チームを結成。企画会議が始まりました。作業療法士は農園の現場にも来てくれて、彼が働く様子を見ていました。「山内さんは身体に麻痺があり不安定なので機械によりかかる可能性があります。機械の安定性を重視してください」作業療法士の視点が設計に組み込まれていきます。そしてできあがったのが、トレイ洗いロボ試作機です。

洗う人に合わせてブラシの角度を変えることができます。ブラシを大きくして芽ネギトレイのほかにサイズの大きい育苗箱も洗える洗浄機。こうして20%ほど作業効率を上げることができました。

洗浄機を使ううち、芽ネギの生産量が増加し、トレイ洗いの効率化がより求められるようになってきました。トレイ洗いロボの完成に向けて効率化とともに、もう一つテーマを加えました。右手が不自由な山内くんは、普段は左手を使って作業していいます。私は彼の担当医に尋ねたことがあります。

「山内くんは、右手を使ってはいけないんですか?」

「いいえ、リハビリのためにも動かしたほうがいいんです」

でも、仕事をするときに右手を使ったら、そのぶん作業が遅くなってしまいます。だから農園では左手だけを使っていて、右手はずっと止まったまま。それがずっと気にかかっていたので、なんとかならないかと相談ました。するとエンジニアが、

「では、右手で簡単にトレイを挿入できるように工夫してみましょう」

と言ってくれました。さらに作業療法士も、

「それだけの機能があれば十分ですね。負担にならない程度に右手も使えるので、新しいマシンは、山内くんのリハビリや機能回復にもつながると思いますよ」

とリハビリ機能付き洗浄機が検討されることに。

誰が使っても同じ精度に

こうして生まれたのは、回転しているブラシの間

にトレイを1回通すと、洗浄が完了する仕組みの機械でした。農園に洗浄機が納品され、初めてこれでトレイを洗う日、私は山内くんに説明しました。

「まず機械の前に座ってください。このボタンを押します。すると機械が動き出します。そして水道のコックを上に上げる。すると水が出てくるでしょ。そうしたら、右手でトレイの端っこを機械にさし込む。洗浄されたトレイは左手でつかんでコンテナに並べて、52枚になったら次のコンテナに取り替えます」

こんなふうに前後の工程、トレイの入れ方、持ち方を具体的に教えると、スムーズに使えるようになりました。それは私がやっても、初心者がやっても、障がいのある人がやっても、きれいになる度合いは一緒です。

この洗浄機を山内くんが使うときは、椅子に座って洗います。彼が休みだったり、別の人が使うときは、立って作業するのですが、そんなときは身長に合わせて高さを調節することもできます。誰がやっても同じ精度に仕上がる。これを「作業の標準化」といいます。いちばん作業するのが難しい人に照準を合わせて機械をつくると、他の人にとってもさらに使いやすくなり、作業効率も上がる。それもまた、ユニバーサルな農業機械の強みなのです。

1時間100枚を120枚にするには

京丸園には、「能力と給料を一致させる」という考え方があります。障がいのある社員の時給を上げるには、これまで1時間に１００枚洗っていた人が１２０枚洗えるようになればいい。それを達成させるには二つ方法があって、一つは彼らがこれまでより早く手を動かして１２０枚洗うように努力する。これまでの生産現場では、そう考えるところが多かったと思います。これは、「給料を上げるために、君ががんばるんだよ」と言っていることになります。ですが、その考えはユニバーサル農業的にはN

Gでダメなのです。

それまで100枚洗っていた人が、努力して120枚洗えるようになったら、それは本人ががんばった結果であって、それはそれですばらしいことなのですが、ユニバーサル農業的には、農業現場は何も変わっていない。相手をコントロールして効率を上げるのではなく、機械を導入したり、農業現場の仕組みを変えることで120枚洗えるようにする。それがユニバーサル農業的な考え方なのです。

1000万円の洗浄機が150万円に

こうして誕生した新しい洗浄機の価格は150万円。最初に提案された全自動マシンの6分の1の価格でした。

同じ人が使うのに、全自動は1000万円、半自動なら150万円。この850万円の違いは、どこにあるのでしょう？　そこで私が気づいたのは、人の目が見えること、手が動くことには、いかに価値があるかということです。トレイの位置をロボットに確認させて、投入口に入れる。それだけで分析するカメラとAIが必要になります。人の目が見えたり、動けたりする能力には、それぐらいの価値がある。

障がいのある人がトレイを持ち上げて、投入口を確認してそこへ入れる。それができれば、高価なカメラやロボットは必要ありません。機械の開発に必要なのは、曖昧だったり危険だったりして間違いやすい部分を補って、いかに彼らの能力を発揮できるか。だから全自動なら1000万円の機械が、150万円でできた。たとえ障がいがあっても、彼らの使える機能を活かすことで、コストはそれだけ抑えられるのです。

以前は洗った枚数を担当者が数えていたのですが、新しいマシンには52枚洗うと音楽が流れるカウンター機能がつきました。というのも、うちの農園では洗浄済みのトレイをコンテナに52枚入れるのが

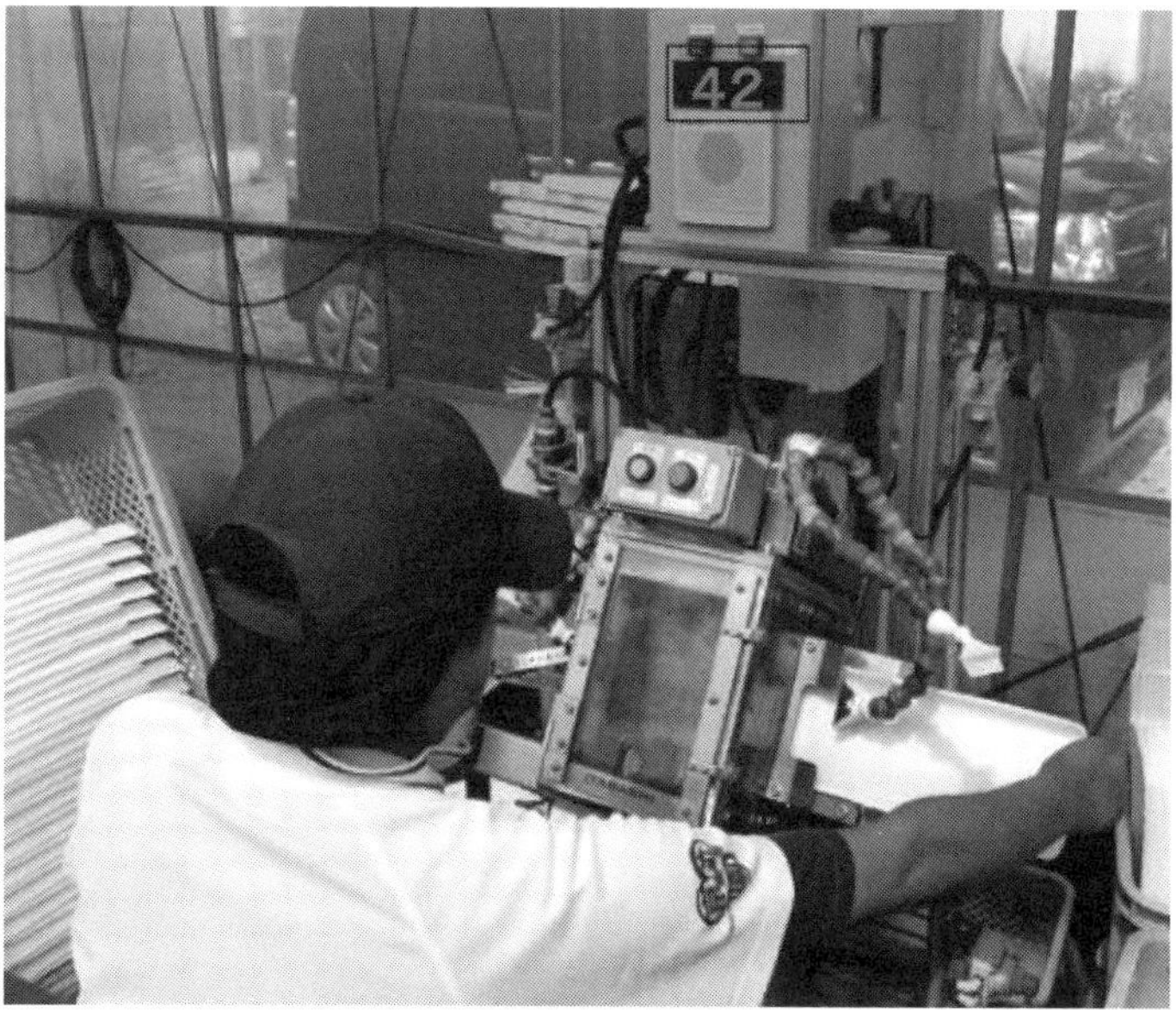

プロジェクトチームを結成してつくりあげたトレイ洗浄機。カウンターがついていて、52枚になると電子音が鳴り出す

決まりになっていて、以前はそれを自分で数えていたので、数え間違いがあったり、そのぶん作業を止めて数える時間も必要でした。

ところが、カウンターがついたことで人が数える必要はないし、間違いもない。そして時短もできて作業効率もグンと上がりました。洗い続けて52枚になると、機械から「亜麻色の髪の乙女」の電子音が鳴り出します。ここで作業は一区切り、コンテナを取り替える合図でもあります。

そうして改良を重ねて進化する洗浄機は、人を減らすためではなく、「人を活かす機械」として現場で活躍しています。体の不自由な人に残された機能を最大限活かし、仕事をしながら機能回復訓練の要素も組み込み、作業はより早く効率を上げる。それがまたユニバーサル農業の面白さでもあります。

人に合わせる機械を

京丸園の洗浄機を開発した板橋工機の河合社長が話してくれました。

「ある取引先で、たくさんの障がい者が働いていました。そこの依頼で新しい機械を受注して、設計・製造。納品、設置まで担当しました。先方も喜んでくれたので『いい仕事ができた』と達成感を感じていたのです。しばらくして、同じ会社を訪ねました。すると、そこで働いていた障がい者の方たちが、みんないなくなっていました。私たちが開発した機械は、あの人たちの仕事を奪ってしまったのかもしれません」

　彼は技術者として、どうしようもないジレンマを感じたそうです。機械メーカーとしてジレンマを抱えながら、さまざまな勉強会に参加する中で京丸園に出会いました。だから、私が「従業員の能力を最大限に引き出す機械」をオーダーしたとき、驚いたと同時に、とてもうれしかったのだそうです。

「この人が働ける機械をつくってほしい。1時間に100枚洗っている機械を、120枚洗えるようにしてほしいって言われたら、そりゃあもう技術者として腕が鳴っちゃいますよ。そういうアイデアを出すことに、ものすごくやりがいを感じます。我々は本当はこういう機械づくりがしたかったのです」

　とも言っておられました。

「障がいのある人もいきいきと働けるマシンを」。そんな思いを共有できるメーカーとエンジニアに出会えたことは、私たちにとっても得がたい経験でした。

「ゆっくり」のすばらしさ

　障がいのある人たちと、ともに働く中で生まれたマシンの一つに、第3章で触れたように野菜を育てるベンチの上を走行する「虫トレーラー」があります。それは、農園の掃除と草取りを担当した小又さんのお掃除がきっかけとなって生まれました。

　入社当時の彼女は、体力がなく、ゆっくりゆっくり掃除していました。本当にコツコツと時間をかけてやるうちに、農薬の使用回数が減ってきたのです。草が生えなければ虫は来ませんし、虫が来なければ病気は蔓延しません。そんな当たり前で頭ではよくわかっているけど、なかなか徹底できなかったことが、彼女のていねいな掃除によって現実にできたのです。おかげで農薬の使用量をそれまでの半分に抑えることができました。

「小又さんが、ホウキ一本でここまで減らせるなら、掃除機を使えばもっと減らせるんじゃないだろうか。もしかすると農薬を使わずにすむんじゃないか」

そんな発想から生まれたのが虫トレーラーでした。床を掃除するのではなく、野菜を育てているベンチの上をゆっくり走行し、小さな虫を吸引してネットで捕獲します。これを芽ネギのベンチを走行させたことで、農薬使用量はグッと減りました。

ここで私たちが学んだことがあります。どんな仕事でも私たちは普段から「速さ」を求められがちで、ゆっくりやっていると怒られます。だけど掃除機は急いでかけるとあまりゴミが吸えません。逆にゆっくりかけたほうが「君、いい仕事しているね」と褒められます。

ちなみに、虫トレーラーを私たちのように「早く早く」を刷り込まれた人間がかけるとどうなるでしょうか？

「ゆっくりやりなさい」と言われると、イライラしてしまうのです。元からゆっくりなペースの人にやってもらったほうが、たくさんゴミや虫が取れる。この仕事は「三歩進んで立ち止まる」くらいのペースでやったほうがよいのです。農園のお掃除はせっかちな人より、動作がゆっくりな人のほうが使える。むしろ彼らのほうが優秀な働き手になれる。そんなことに気づかされました。

ハイテクな2号機は……

実は、この虫トレーラーも改良を重ねてきました。1号機は自転車の車輪に鉄のフレームがついた、とてもシンプルでアナログなマシンでしたが、次の2号機は、いろいろと改良を加えて自動的に横移動できたり、電気コードをなくしてバッテリーで動いたりします。さらにハイテクなマシンになりました。

その値段は1台300万円。

ところがいざ使おうとすると、障がいのある人たちはこの「ハイテク2号機」が使えないのです。ジャストサイズにつくられているので、融通がきかなくて、位置がちょっとずれると枠に入らない。ときにはベンチにぶつけてしまったり……。

「いくらハイテクでも、これじゃみんなが使えない。元の形に戻そう」

ということで、今は、自転車の車輪に鉄のフレームを取りつけた、シンプルでアナログな3号機を使っています。こちらは1台50万円。機械はむやみに便利にすればいいわけじゃない。そんなことも学びました。

現在、車輪部分を工夫して横移動を簡略化させようと各界が連携し、対話を通じて社会課題の解決や、新たな価値創造を図るプラットフォーム「ノ

生育期の芽ネギ

ゆっくり走行の虫トレーラー。虫やゴミを吸い取る

自転車の車輪や掃除機などを組み合わせて完成

ウフク・ラボ」テクノロジー部門で研究を始めています。

農園の「ゆっくりでいい仕事」

虫トレーラーの開発を通して、私たちは「ゆっくりやったほうがいい仕事」があることを発見しました。野菜を育てるベンチに沿って、トレーラーとゆっくりゆっくり移動する姿は、歩行器につかまって、病院でリハビリしている人にも似ています。それを見ていて思いました。

「この仕事、リハビリに使えないかな？」

今、交通事故やスポーツをしていて足を骨折した人たちは、お金を払ってリハビリセンターに通って歩行訓練をしています。もしも同じ人たちがうちの虫トレーラーを歩行器代わりにして、農場を行ったり来たりしてくれたら、給料をもらいながらリハビリができる。農業と医療が連携して、そんな仕組みが実現できたら、これはすごいことじゃないだろうか？

何かの事情でケガをして、仕事を休んで、会社と家族に負担をかけて、リハビリに通う。その患者さんの心の中は負い目がいっぱい。精神的な苦痛にさいなまれていることが多いそうです。それが同じ歩行訓練でも、

「ちょっと農園で働いてくるよ」

と出かけて、わずかでもお金を稼げたら、精神状

テクノロジー部門で開発中の４号機虫トレーラー。その場で360度回転が可能

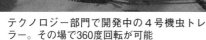

態はガラリと変わるはず。農園で虫トレーラーと歩行訓練……。患者さんの精神的な負担も減って、前向きに治療とリハビリに取り組めるようになる。農園の「ゆっくりでいい仕事」は、そんな可能性も秘めているのです。

増える農業機械

障がい者雇用を進めながら、特別支援学校の先生

ミニチンゲンサイの根切り機ライン

や福祉の関係者、機械メーカーなど、さまざまな専門家と力を合わせる中で、京丸園には、障がいのある人の機能をサポートしつつ、一般の社員にも使いやすく、さらに農園全体の作業効率を上げる、そんな機械が着々と増えていきました。気がつけば次のようなマシンが生まれていました。

- ゆっくり掃除する虫トレーラー3号機
- スポンジ分離装置
- 出荷調整のコンベア
- ミニチンゲンサイの根切り機ライン
- トレイ洗いロボ

社長の「最後の砦」が……

それでも、まだ「これはさすがにほかの人や、機械にもできないだろう」と考えていた作業がありました。それは芽ネギの種をまくウレタンスポンジの水分調整です。種をまく前に、スポンジ全体にめ

いっぱい水を含ませて、上から少しずつ圧力をかけて水を減らし、発芽に適した水分量まで調整していきます。

それは毎日同じ分量にすればよいわけではなく、その日の天候や気温によって微妙に変わるのです。その水分調整はすごく大事で、ここで加減を間違うと、発芽がそろわなかったり、うまく育たなかったりするのです。ですから長年の経験と勘を元に、ずっと社長である私が担当していました。ですから、

「芽ネギの播種は腕の見せどころ。職人技だから、これだけは、ほかの人には任せられない」

と考えていました。

そんなある日、農園にやってきた福祉施設の職員が、

「この仕事、私たちにもやらせてくださいよ」

と言うのです。

「それはさすがに無理ですよ」

「社長は、このウレタンをどうしたいんですか?」

「ネギのウレタンは、日によって水を切る量を変えているんです。これを1日100枚、一定の水分量に均一化させるのが僕の仕事。だから他の人にはなかなか任せられないんですよ」

「ああ、それでよければ、僕らもやりますよ」

「えっ?」

こともなげにそう言うので、この人は播種という大事な仕事をちょっと舐めているのかな? とすら思いました。

「いやいや、それは無理でしょ。せっかくですが、この仕事だけは任せられない」

そう言っている間に、その福祉施設の担当者は、作業場から秤を持ち出して、水を含んだスポンジを入れたトレイの重さを1枚ずつ計り始めたのです。すると、すべてのトレイが2・7~2・8kgの間に収まっていることがわかりました。

「社長、すごいですね。秤も使わずにきっちりこの間に収めるなんて。こりゃ無理ですわ」

ほら、やっぱり無理じゃないかと思ったのも束の

間、その担当者は言いました。

「僕らがいきなりこの幅に合わせるのは無理なので、一枚一枚秤を使って水分を調整します。うちにこだわりの強い利用者がいるので、彼にやらせてみましょう。社長が調整したスポンジには、１００ｇの幅があったけど、彼なら10ｇ単位で均一にきっちり合わせてみせますよ」

　こうしてあれよあれよという間に、「社長の最後の砦」だった、スポンジの水分調整を福祉施設の利用者が担当することになりました。私のように勘に頼って一発で合わせるわけにはいきませんが、時間をかけて何度も計ることで、目標の重量にきっちり合わせることはできる。しかも私がやるより誤差が少なく、精度が高いのです。おかげで苗もよく育つようになりました。

　結局、私が「最後の砦」だと思っていた仕事も、秤を使ってきっちり計量することで、福祉施設の人たちに任せられるようになったのです。

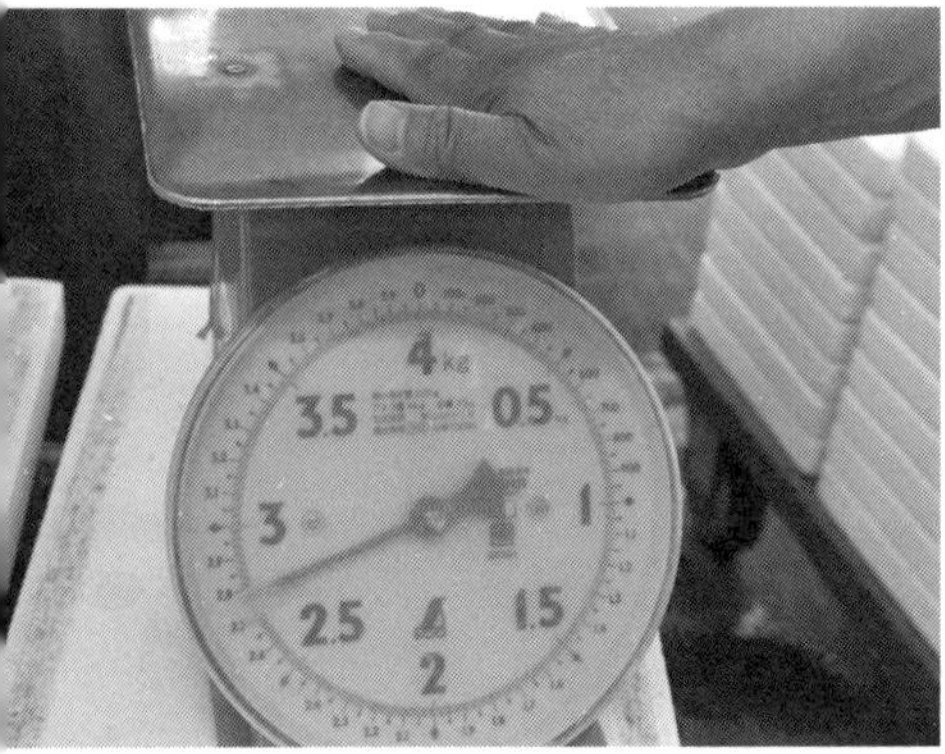

水を含んだスポンジの重さを均一にする

水分調整の機械化に成功。左の水槽にスポンジを着け、網ですくい上げる

上から板を載せて数回プレスし、適度な水分量にする

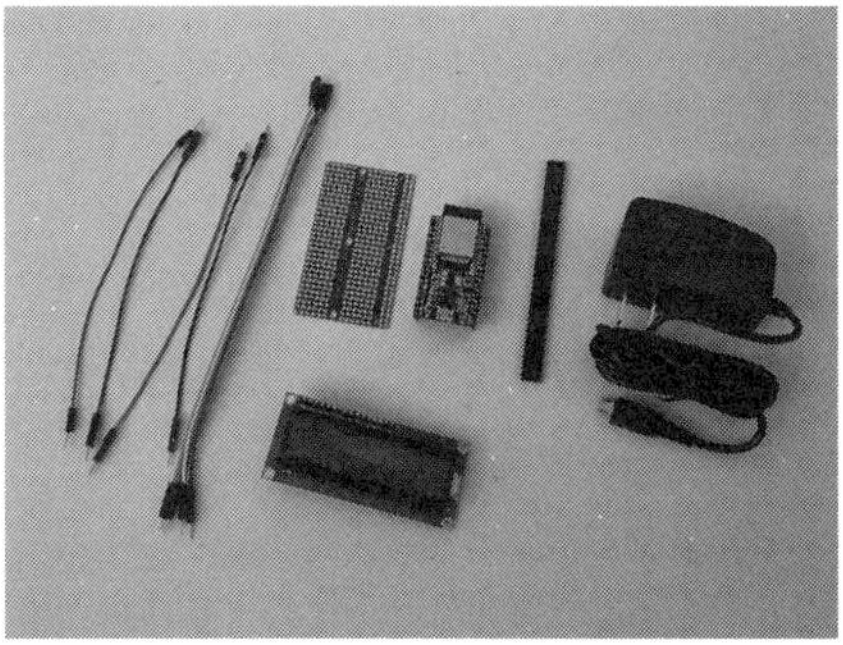

新型コロナウイルス対策などのため、厚生労働省が勧める二酸化炭素センサーを製作。センサー、マイコンなどの市販品が主な部品。はんだ付けして組み立てたもので、１台当たりの製作費はわずか9000円。作業場や休憩所などに計７台を設置し、同時にモニタリングをして換気を行い、密閉を回避している

二酸化炭素（CO_2）センサー

作業工程や作業環境の改善へ

その後、この作業は機械化に成功しました。１００％水を吸い込んだウレタンを網ですくい上げ、上から板を載せて少しずつ何度か押して均一に圧力をかけることで、理想の水分量に仕上げていく。板橋工機の担当者が、福祉施設の人たちが何度も秤で重さを計りながら調整していく様子をビデオに撮り、その作業工程を分析することで専用の機械をつくり上げたのです。

ウレタンのスポンジというのは、一度押しただけではなかなか水分量が落ちません。福祉施設の人たちが、何度もグッ、グッと手で押しながら少しずつ水を減らしていたときと同じように、機械も数回に分けてググッと圧力をかけることで、理想の水分量にまで落としていきます。

機械化したことで、さらにきっちりできるように

なり、水分調整の精度は上がりました。秤を持ち込んでウレタンの重量を計ったり、目標の重さになるまで何度も押し続けたり。そんな福祉の人たちの視点があったから、ここまでスマート化して進化できたのだと思います。

さらに、インターネット機器を安価な部品を購入して自作。ネット上の無料ファイル保管サービスを利用し、データをネット経由で可視化できるようにしています。次のような機器などによって、さまざまな情報を農園関係者で共有したり、警報メールが担当者に届いたりするような仕掛けをつくっています。

- 二酸化炭素（CO_2）センサー
- 水耕栽培の原液タンク肥料残量計
- 野菜冷蔵庫の異常温度や作業完了時、困ったときに知らせる「報告くん」
- 発芽室の温度計測器

近年、機械メーカーなど、工業界では「省力化のための機械化」が至上命題になっているそうです。ある職場に機械を入れるということは、つまり経営者の「人手を減らしたい」という思惑の裏返しでもある。今、日本の農業界は、大規模化、機械化、ＩＴの導入、スマート農業……明らかに工業化に向かっています。

でもそれは、省力化が進む工業の道を後追いするのではなく、「農業らしい工業化」の道へ。機械に合わせて人が働くのではなく、人に合わせて機械化させていく。人を減らすための機械ではなく、活かすための機械を。そんなユニバーサル農業的なコンセプトを元に進んでいけば、農業は明らかに工業とは違う進化ができる。私はそう考えています。

第6章

UNIVERSAL AGRICULTURE

地域での連携と農業経営の捉え方

幸福度の高い政令指定都市

さて、京丸園のある静岡県浜松市は、どんな都市なのでしょう？

人口約80万人。静岡県の西端に位置する政令指定都市です。

昔から、気候が温暖で、農業に適した土地柄といわれてきました。北に天竜の山々、南に浜名湖、南北に天竜川を擁しているので、野菜もフルーツも花もなんでも採れる。栽培されている作物の品目の多さも全国随一といえるでしょう。逆に水田の比率はあまり高くないので、稲作を重要視する国の農業政策とは異なる独自の路線を歩んできました。

年間の日照時間は全国でもトップクラス。私の父はいつも、

「この太陽の光エネルギーを、固形物にするのが農業だ」

「太陽の光はただなのだから、フルに活用しなければもったいない」

と口癖のように言っています。そして家の近くには満々と水を湛えた天竜川が流れていて、それが京丸園の芽ネギやミニチンゲンサイを育てています。たしかにこの場所には、農業に適した条件がそろっているのだと思います。

日本総合研究所が発表する「全国20政令指定都市の幸福度ランキング」というのがあります。2018年、浜松市は総合ランキング1位に輝きました。このランキングは、都市の基本指標に加え、仕事・生活・健康・文化・教育の5分野47指標で評価され、総合点で順位が決まるそうです。

市役所のウェブページによると、浜松市が幸福度ランキング№1になった理由について、「全国屈指の財政健全度や合計特殊出生率に加え、自治体としてのポテンシャルの高さや、古くからの製造業の集積による安定的な雇用環境、健康寿命日本一などを含む生活環境が評価された」と分析しています。

私は、これらの評価基準の中でも特に「安定的な雇用環境」、つまり身近に働く場がたくさんあることが、市民の幸福感や健康寿命の礎《いしずえ》になっているのではないかと考えています。

浜松市内を歩いていると、なぜかスーツより作業着を着て歩いている人が多いことに気づくと思います。市内にはオートバイのスズキ、ホンダ、楽器のヤマハ、カワイ、光産業の浜松ホトニクスなど、製造業の拠点も多く、「ものづくりのまち」として発展を遂げてきました。製造業にかかわる職人や技術者が多いのも、浜松ならでは。作業着姿で街を闊歩する人が多いのは、そのためです。

四方を海、山、川、湖に囲まれていて、農地も多く、農業産出額は全国の市町村の中で第7位。さらに都市と田舎暮らし、両方の魅力を持ち合わせています、工業、商業、農業も盛ん。まるで日本全土の縮図のようなので、「国土縮図型都市」とも呼ばれています。ですから、私はもし浜松市が「持続可能な都市」として一つのモデルとなりえたら、その「しあわせの輪」を、日本全国、さらに世界へ広げていけるのでは……と、夢を描いたりしています。

浜松市ユニバーサル農業研究会発足

2004年6月、そんな浜松市で「第4回園芸福祉全国大会inしずおか」が開催されました。このとき、1000人を超える参加者が集まり、浜松市内での取り組みが紹介されました。当時は「園芸福祉」への関心が高まり、園芸福祉活動が広がり始めた時期だったこともあり、全国から多くの関係者が集まりました。

これを機にユニバーサル農業に関する機運が高まり、翌2005年6月「浜松市ユニバーサル園芸研究会」が発足。後に「浜松市ユニバーサル農業研究会」へと改名されます。

構成メンバーは、障がい者就労を支援している福祉施設、民間企業が母体の特例子会社、市内の企

図６－１　障がい者の農業参画状況（浜松市）

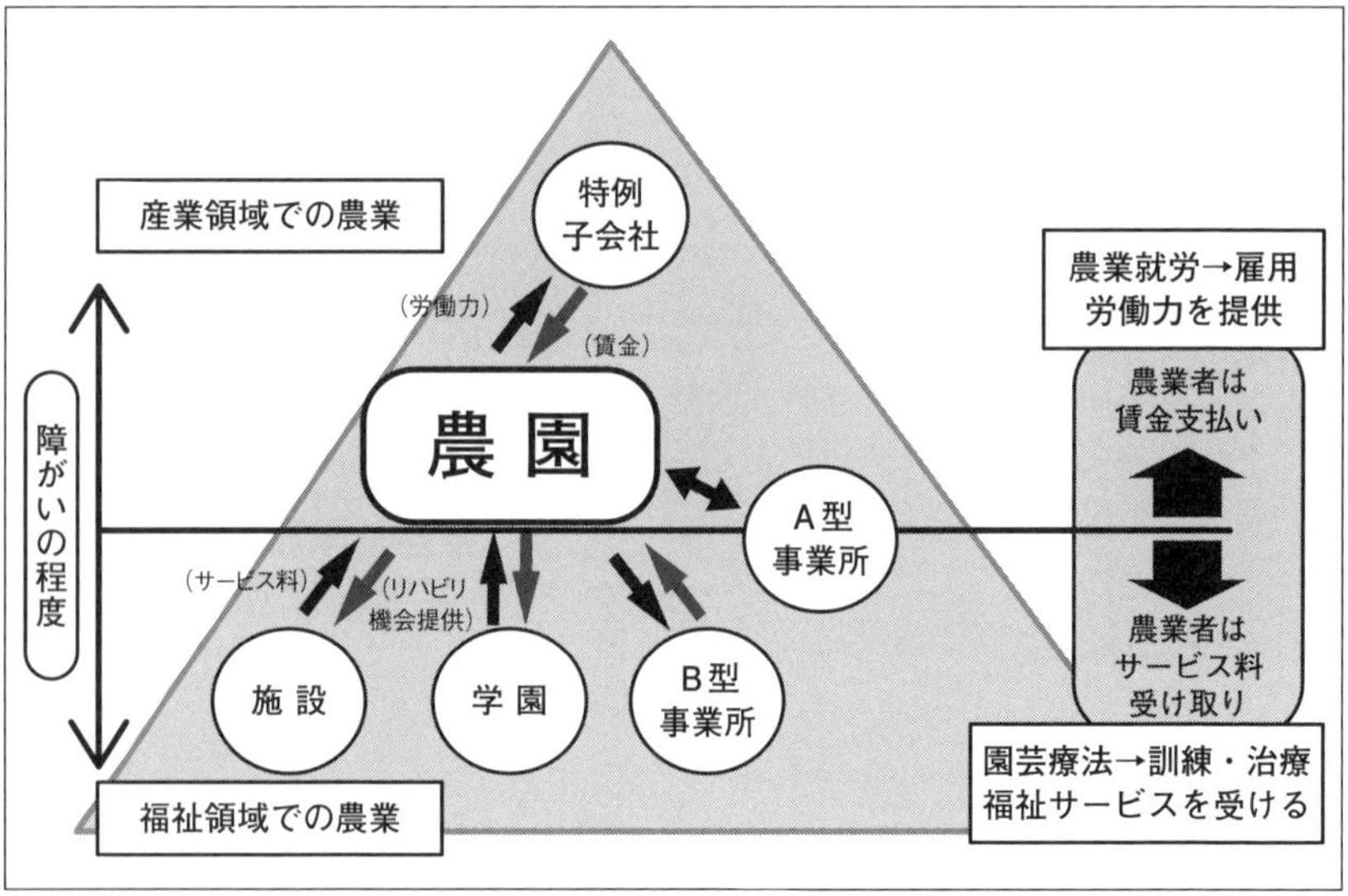

注：「平成24年度浜松市障害者の農業参画実施状況調査」

業、大学等研究機関、静岡県西部農林事務所地域振興課、浜松市健康福祉部障害保健福祉課、産業部産業振興課、産業部農林水産課、社会保険労務士、そして私たち京丸園を含む農業経営者も加わって、全部で17団体が所属しています。

図６-１は「平成24年度浜松市障害者の農業参画実施状況調査」によるものです。

各団体や事業者が連携して、障がい者の能力や適性に応じて、「産業」と「福祉」、いずれかの農業現場で活躍の場を広げていく中で、以下のことが読み取れます。

①**特例子会社との連携**……労働力の提供に対する賃金の支払いの形がベース。産業領域での農業としての性格が強い傾向にある。

②**施設・学園・B型事業所との連携**……受け入れ農家は障がい者の訓練・リハビリなどの場として農園を提供。福祉領域での農業としての性格が強い。

③A型事業所との連携……①と②の中間的位置づけ。

こうして誕生した浜松市ユニバーサル農業研究会も、誕生して20年近く経ちました。これまでの主な活動を振り返ってみましょう。

２００６年　「障がい者の就農訓練」実施
２００７年　「特例子会社を活用した農業分野での障がい者雇用におけるビジネスモデル」の開始。特例子会社「ＣＴＣひなり」との連携スタート
２００９年　「障がい者リハビリ機能付き農作業機械」の開発協力。京丸園では「トレイ洗浄機」「昇降機付きウレタン分離機」を開発
２０１０年　「障がい者の農業参画推進にかかる実証事業」の実施。初めて障がい者を受け入れる農家を対象に、実習生の受け入れ事業が始まる
２０１１年　「農業と福祉の連携による加工品開発」の実施
２０１９年　第七回プラチナ大賞　優秀賞　全員参加の地域づくり賞
２０２１年　「ノウフク・アワード２０２１」グランプリ受賞

さまざまな活動を展開し、国や研究機関にも評価され、農福連携やユニバーサル農業の先進地として着目されるようになってきました。

京丸園が毎年一人ずつ障がい者を雇用していく中で、福祉関係のみなさんには農家にはない、作業分解やていねいな作業指示、人に合わせた機械をつくる考え方を学びました。またそんな知恵を形にしてくれたのは、機械メーカーの人たちで、さらに日本を代表するＩＴ企業の特例子会社を、浜松に誘致できたのは、行政担当者の働きかけと、研究会の活動の成果が大きかったと思います。

こんなふうにユニバーサル農業を形にしていくた

めには、障がい者と農園ががんばるだけでなく、地域の専門家や行政マンとつながって、協力できたことが大きかったのだと思います。

現時点で全国に「農福連携」の協議会はいろいろありますが、その多くは障がい者の働きの場を開拓しようという趣旨の会が多いように思います。特に「ユニバーサル農業」にしぼった研究会があるという話は、浜松以外ではまだ聞いたことがありません。これをつくるには、農業者が主体となって、「強い農業経営体をつくろう」という思いに賛同する人を集める必要があるのだと思います。

「農」と「福」だけでは続かない

あれは、私たちが障がい者を受け入れるようになって5年が過ぎた頃。一人、また一人と障がいのある仲間も増え、私たちと一緒に働く中で、「受け入れる農園側の対応しだいで、障がいのある人も十分私たちのビジネスパートナーになれる」

そう確信できるようになってきました。

そこで2003～2004年、静岡県の補助事業を受けて、特別支援学校の生徒たちを、ジョブコーチつきで、イチゴ、メロン、花卉、果樹、露地野菜など、さまざまな農園に実習生として派遣することになりました。すると、現場の農業者たちから、

「思っていたよりやるじゃん」

「助かるよ」

という声が届きました。評価は上々です。この流れを継続して、障がい者雇用が増え、農家も安定的に働き手を確保できる流れが生まれればよいなと思っていたのですが、2年、3年と続けるうちに、特別支援学校が農家に生徒を派遣しなくなったのです。

「なぜですか？」

「農家の人たちは、生徒が卒業しても、就職させてくれないからです。『実習生ならいいけど、雇用はできない』と。就職の可能性のないところへ、実習

生は出せません」

それはもっともな話です。かたや家族経営の農家の場合、

「実習生を受け入れるのはいい。彼らがちゃんと働けるのもわかった。だけど雇用はできません。なぜなら通年で安定した賃金が払えないから」

という状況の農園が多いこともわかりました。この年、派遣された実習生は19人。うち雇用に結びついたのは4人でした。このままでは、継続的に生徒を派遣することはできないし、障がい者雇用は広がらない。なんとかしなくてはと考えるようになりました。

しずおかユニバーサル園芸ネットワーク発足

このままではもったいない。なんとか継続的に障がい者を雇用して、農業を発展させるビジネスモデルをつくりたい。そこで2004年に園芸福祉全国大会の開催に尽力した実行委員会がそのまま特定非営利活動法人となり、静岡県が中心となって、2006年4月、「特定非営利活動法人しずおかユニバーサル園芸ネットワーク」を立ち上げました。

県からの事業委託を受け、障がい者を雇用して持続できるビジネスモデルの開発に取り組み始めました。課題は三つ。

- 農業の労働力の確保、経営強化
- 障がい者の就職先の拡大
- 企業の法定雇用率の達成

農業、福祉、企業、三者が抱える問題を、互いに連携することで補完し合い、ともに成長していく。そんな「三方よし」の道を探り始めました。

かつて誰もが知っている一流企業が農業に参入したけれど、あっという間に撤退したことがありました。どんなに優秀な企業でも、いきなり農業に参入して短期間に利益をあげるのは難しいようです。それでも近頃は、障がい者を雇用する目的で農園や植物工場を設立して参入する事例も増えています。

企業が農業に参画する際、利益だけを求めたら採算のハードルはものすごく高いものになります。そこには、社員の福利厚生、障がい者雇用、地域貢献、CSR（企業の社会的責任）やSDGs（国連総会で採択された「持続可能な開発目標」）など、「ユニバーサルな視点」を入れ込むかが重要なポイントとなります。ですから、いきなり自社農園を開くのではなく、地元の農園とつながって、地域の農業を応援するほうがいい。その共存体制が、事業の成功とすることが、みんなのためになるはずです。

特例子会社との連携スタート

地域には就労意欲の高い障がい者がいて、働く場所を求めているのに「農」と「福」だけでは続かない。だとしたらどうすればいいのか？　それなら民間企業の力を借りよう。そこで生まれたのが後述する「CTCひなり株式会社（特例子会社）」との連携です。CTCひなりとのつながりは、長年障がい者雇用や特例子会社の設立に尽力してきた、「特定非営利活動法人障がい者就業・雇用支援センター」理事長の秦政《はたまこと》さん（「一般社団法人ひとつぶの種」代表理事を兼務）に、コーディネイトしていただきました。秦さんは、私たちにとってなくてはならない恩師の一人です。

伊藤忠商事グループのIT企業として成長を遂げた伊藤忠テクノソリューションズ株式会社（CTC）は、障がい者雇用にも積極的で、特例子会社を設立し、マッサージやオフィスの清掃、そしてアグリサポート（農作業請負）など関連会社も含めて、さまざまな場所で障がい者雇用を行っています。

CTCひなりの設立は、2010年4月。この年の5月には特例子会社としての認定を受けて浜松にオフィスを構え、アグリサポートの事業をスタートしました。私たち京丸園も、立ち上げのときからずっとおつきあいを続けています。

CTCひなりが浜松にオフィスを構えたとき、設立目的の中に「地域農業への貢献」という文言が入っていました。この一文から決して障がい者雇用だけが目的の会社ではないことが窺えます。それがまた、浜松市民や農業、福祉関係者の共感を得ているのだと思います。

CTCひなりから来る人たちは、れっきとした会社員で雇用保険と社会保険にもちゃんと入っています。現場との橋渡し役として欠かせないジョブサポーター（指導・支援を行う。CTCひなり所属）も一緒です。

農業者の中には、「特例子会社の存在を知らなかった」「できればうちの農園もつながりたい」「近

地域での連携により、作業環境などを改善

ユニバーサル農業への関心が高まり、視察者が増えている

近くの小学生らの農園見学会

くにどんな特例子会社があるのか知りたい」「農作業もお願いできるのであれば、協力しあいたい」、そう考える人も少なくありません。

　現在、浜松ではCTCひなりと連携している農園が七つあり、年間を通じて協力体制ができあがっています。私たちのしずおかユニバーサル園芸ネットワークは、コンサル事業も行っていて企業の農園マッチングや仕組みづくりなどの相談に応じています。

■企業と対等な関係を

　CTCひなりの親会社はプライム市場に上場している大企業です。そこと京丸園のような小さな農園が連携するとなると、上下関係が生じて「大手の傘下に入ったの?」と、考える方もいるかもしれません。

　ところが、実際は先方の社長さんが農園に来られて、

「うちの社員がお世話になっています」

と頭を下げていきます。そして私たちも、

「みなさんのおかげで助かっています」

とお辞儀をします。お互い助かっているといえる。どちらが上でも下でもない。完全に対等な関係なのです。社会的には、どう見ても先方のほうが格上なのに……。なぜでしょう?

　それは両者の間に障がい者の人たちがいてくれるから。彼らがいるから大手企業と小さな農園が結ばれて、世の中のバランスをとって、対等な関係でお互い助け合っている。しかもこれは純然たるビジネスでもあります。

　小さな農園が障がい者を介して大手企業とれっきとしたビジネスでつながっていて、しかも対等。まだ私が農業を始めて間もない頃、せっかく買おうとしたランの苗を、大手企業にごっそり持って行かれた。あのときとはまったく違います。農園と企業は、障がい者を仲立ちにして、対等に気持ちよくつ

図6－2　ユニバーサル農業の領域と可能性

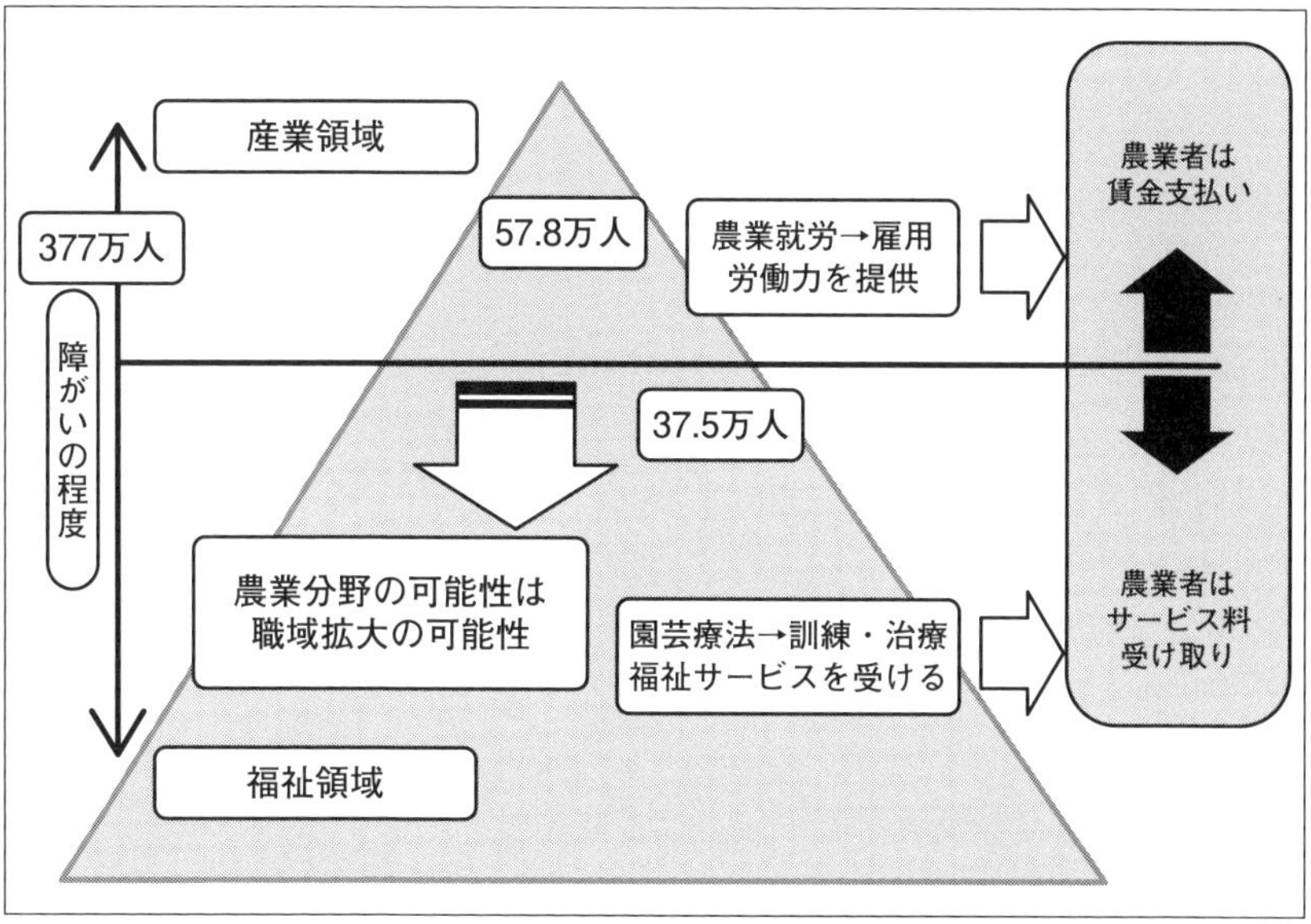

ながっていけるのです。

■障がい者をもっと農業現場へ

さて、日本の障がい者雇用の現状はどうなっているのでしょう？　上の**図6－2**をご覧ください。厚生労働省の統計によれば、日本における障がい者の総数は約964万人。うち約377万人が働ける可能性のある18～64歳の在宅者です。うち、一般企業等で働いているのは約57・8万人。彼らは最低賃金を支給できる比較的能力の高い人たちです。

さらにA型・B型事業所などの福祉サービスで働いている人は約37・5万人。合わせて95・3万人で、これを合わせても全体の3分の1に達していません。

これから農福連携やユニバーサル農業が広がって、農業現場でより多くの障がい者が働くようになれば、この数字はまだまだ伸びていくはず。図で一線を画している横のラインが、ピラミッドのまん中、それより下の裾野まで広がっていくはずです。

人口は減っているのに障がい者の数は年々増えています。福祉に使える予算は、年々厳しくなっているのが実情です。一人でも多くの障がい者が産業界に参画し、職場をユニバーサルにデザインしてほしいと思っています。またそうなることが産業にとっても福祉にとっても助かる道ではないでしょうか。

進まぬ障がい者雇用

一方、企業をめぐる障がい者雇用の現状も、日々刻々と変わっています。

多くの人を雇い入れている民間企業は、「障害者雇用促進法」により、一定の割合で障がい者を雇用するように定められていて、それを「法定雇用率」と呼びます。これは5年に一度見直され、その比率は、徐々に上がっています。

２０２1年3月、民間企業の法定雇用率は、それまでの2・2％から2・3％に引き上げられました。43・5人以上従業員のいる企業は、一人以上の障がい者を雇用しなければなりません。

ところが、２０２1年12月に厚生労働省が発表した「令和3年障害者雇用状況の集計結果」によると、民間企業における障がい者雇用率の達成割合は、47・0％。半分に達していないのです。本来は、50人規模の会社なら一人、１００人なら2～3人、１０００人なら23人雇用しなければならないのですが、それが達成できない場合は、代わりに納付金を納めなければなりません。国は障がい者雇用を推し進めようとしているのに、法律で決められた雇用率を守っているのは、当該企業の半分以下。それはなぜなのでしょう？

おそらく、多くの経営者は障がい者を雇用すると、

「仕事中に、ケガをするんじゃないか」

「ほかの従業員とトラブルを起こすんじゃないか」

「作業効率が下がって、生産量や売り上げがダウンするんじゃないか」

そんなふうに、ビジネスにおいて「リスク」だったり「マイナス」だと考えている人が多いからだと思います。また、

「彼らを雇っても、任せられる仕事がない」

「どんな仕事をどれくらい任せていいのか、よくわからない」

という心配もあるでしょう。本当に障がい者雇用は、企業にとってマイナスなのでしょうか？　彼らと一緒に働くことは、企業にとって本当にリスクなのでしょうか？

私自身、優秀な人たちが集まっている会社が倒産したのを、何度も見ました。でも、自社も含め、障がい者を迎え入れてコツコツがんばっている会社が倒産したのを見たことがありません。障がいのある人たちと一緒に働くことは、本当に企業にとってリスクなのか？　それを証明した人は、まだ誰もいないと思います。

「彼らと一緒に働くようになったら、生産量も利益も上がった。そして儲かったよ」

となれば、経営者ならたとえ大変でも雇用すると思うのです。

京丸園の障がい者雇用

では、実際に障がい者を雇用すると、会社の経営はどう変わるのか。京丸園を例にとって見てみましょう（次頁の**図6-3**）。

私は1996年に最初の障がい者と出会い、翌1997年に初めて障がい者を正式に雇用しました。以来、1年に一人ずつ雇用して、現在は自社で22名を雇用しています。

ちょうど芽ネギの栽培と生産が軌道に乗り、お客様も全国的に広がって、農園も人手の欲しい時期でした。

1996年の時点で、家族6人とパートタイマー

図６－３　京丸園の売り上げと障がい者数の推移

CL は Constructive Living（建設的な生き方）の略

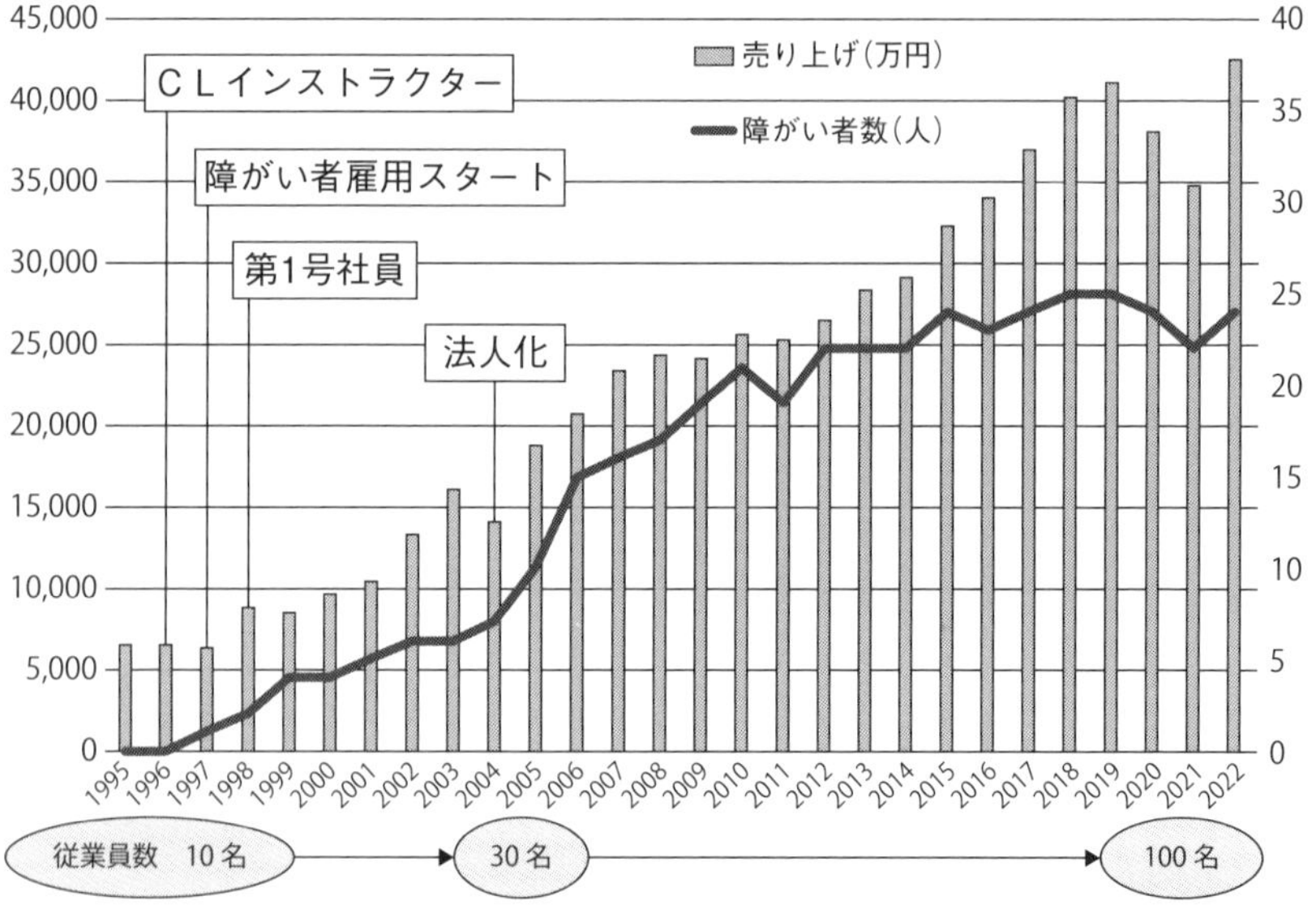

４人の経営で、年間売上額は６５００万円ほどでした。それから26年経った２０２２年、自社雇用の障がい者が22名、その他にも特例子会社（後述）や、地域の福祉作業所からやってくる人たちも合わせると38名。１１８人の構成員のうち、約３割を障がい者が占めています。

その間、年間の売上額は４億円を超えるまでに成長しました（２０２０、２０２１年は新型コロナ感染症の影響で減少）。26年で６倍以上。一緒に働く障がい者の数が増えるに従って、売り上げも伸びてきました。彼らとの出会いとマンパワーがなければ、ここまで成長できなかったと思います。

本当に障がいのある人たちを雇用することにリスクがある、と言い切れるのでしょうか。やり方があるのではないでしょうか。トラブルや問題は、どんな組織にも発生しますし、なくなることはないのではないでしょうか。その問題をみんなで知恵を出し合い、解決しようと試みる組織体制が必要だと思います。こんな発想がこれまで経験したことのない、面白いビジネスに発展するかもしれない――そんなビジョンが見えてくるのです。

現代の若者たちの価値観は、かつて「ベンツで同窓会に乗り付ける」ことを夢見ていた、私のような昭和の青年たちとは明らかに違います。優秀な人材が集まって、ガンガン稼いで規模を拡大……というよりも、環境や教育、家族や自然を大切にしてよりよく生きる、そんなことに重きを置いている印象があります。一見欲がないみたいに見えますが、お金を稼ぐ以外に「自分たちのやっていることが、世の中にいかに貢献しているか」、胸を張って言える企業や組織を求めています。

周回遅れの最先端

法政大学静岡サテライトキャンパス長を務められた坂本光司先生は、『日本でいちばん大切にしたい会社』（あさ出版）の著者としても知られています。先生が提唱されているのは、「人にやさしい経営学」。大切にしたい会社として、障がい者雇用や福祉に力を入れている会社が何社も登場します。これを見ても、21世紀の企業経営において、障がい者雇用は欠かせない要素であることが窺えます。

改めて考えると、農業は命に欠かせぬ食料を生産して、環境も保全している。地域に雇用を生み出して、みんなの困りごとを一緒に解決できる。これからは「農業ってすごい産業だ。これからは農業の時代だ」と考えて、自分もやりたい、働いて利益を生み出しながら、世の中にも貢献したいと考える人が増えていくように思うのです。ユニバーサル農業が広がるその先には、農業そのものの価値が見直される時代がやってくるはずです。

障がい者とともに、ビジネス的にも成長するには、既存のシステムに合わせて人を動かすのではなく、人に合わせてシステムをつくりかえていくことです。工業界やＩＴ企業には、なかなか難しいかもしれませんが、農業ならそれができる。

システム化という意味で、農業は遅れているといわれていますが、また別の見方をすれば「一周回って最先端」なのかもしれません。

「あれ？　農業って産業としては遅れていると思っていたけど、実は周回遅れで農業が、『やさしい企業』の最先端だったのかも」

このように言える日は、そう遠くない未来に来るような気がします。

理想の組織の構成員

さて、京丸園は、年に一人ずつ障がいのある人を雇用し続けて26年の間に、年商4億円の企業に成長することができました。

今後もユニバーサル農業を展開する中で、1年に一人ずつ障がいのある人を迎え入れ、組織づくりをしながら、うちの会社は組織体として、どんな男女比、年齢、健常者と障がい者の比率で構成するとよいのか、常々考えてきました。

図6-4に示したのは、2022年10月現在の京丸園で働く人たちの構成比です。

全体で102名中、「心耕部」に所属する障がいのある従業員（雇用）は22名。実習生2名を加えた24名の内訳は「知的障がい者」13名、「身体障がい者」4名、「精神障がい者」3名、「発達障がい者」4名と、さまざまな障がいのある人たちが、それぞれの能力を活かして働いています。

私が理想とする男女比は5：5ですが、現在は3：7と女性の割合が高くなっています。年齢層は10代から90代まで。世の中で働ける世代は全部いる、そんな構成を理想としています。現在は30～50代の比率が高くなっていますが、働き盛りの世代が多くなるのは当然のこと。10代の中学出たての若者から、80代になる父まで幅広い世代の人たちが働いています。

最終的に目指しているのは、全体で100人のユニット。障がいのある若者が20歳で入社したら、40

図6－4　京丸園の組織構成

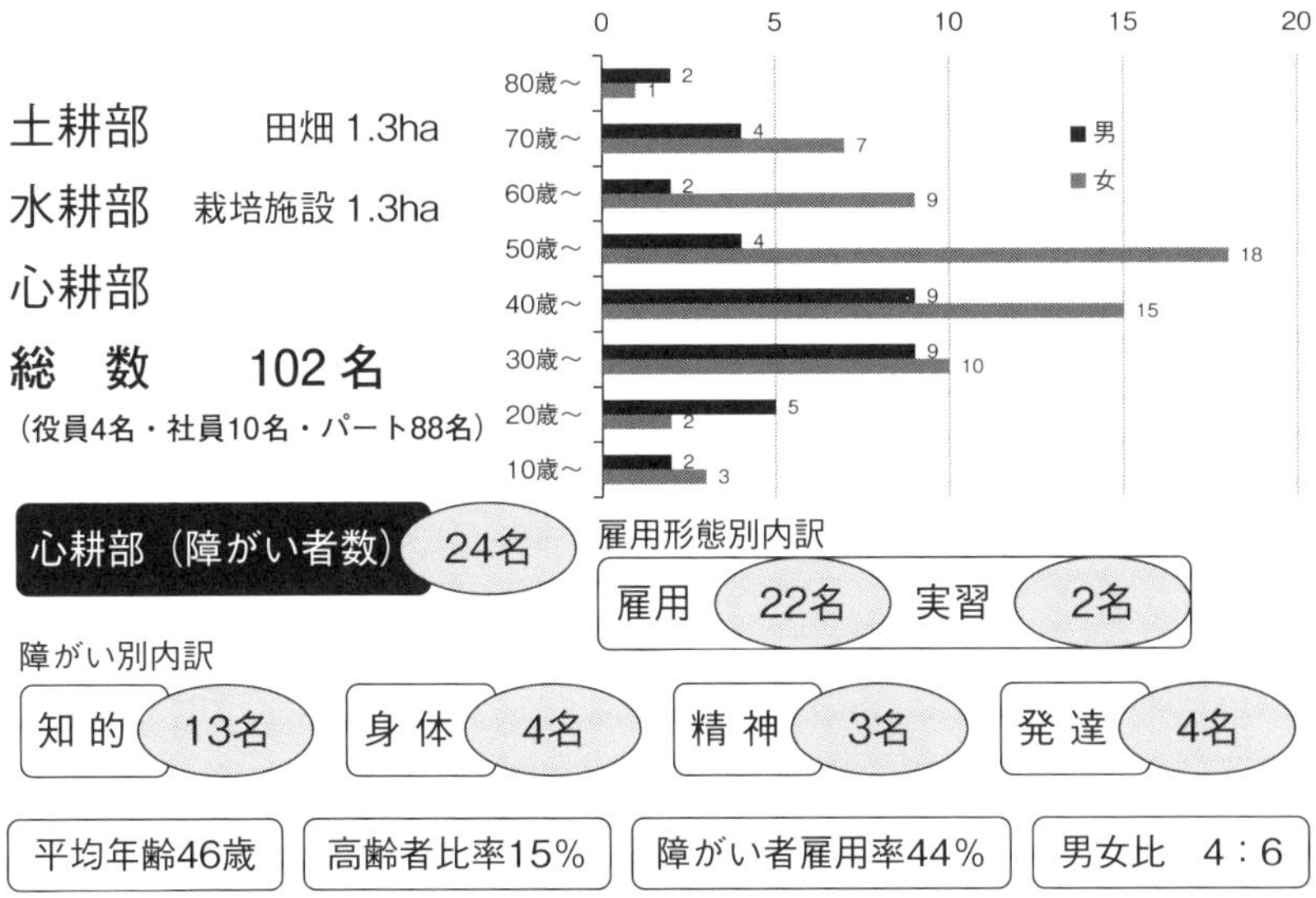

注：2022年10月現在

年働いて60歳で定年を迎える。1年に一人ずつ雇用していくと、40年で40人が働くようになります。このサイクルがぐるっと一周回ったときに、次の世代にバトンを渡して自然な形で事業継承するのが、私が理想とする京丸園の組織構成です。

40年かかって40人の障がい者を雇用するには、ともに働く健常者も60人必要です。4：6でちょうど100人。そんな経営体を想定しています。

経営者の考え方や比率は、つくる作物や栽培しているエリア、土耕か水耕か、はたまた植物工場かでも変わってくると思います。でも、いかにして次の世代に農地と技術と労働力を、しっかり渡せるか。事業を継続して継承するためにも、経営者は理想の構成比率を考えておく必要があると思います。

特例子会社とは

さて、京丸園の日々の作業に加わって、ともに働いているのは心耕部の障がい者だけではありません。次の**図6-5**を見てください。

自社で雇用している心耕部のメンバー（雇用）22名のほかに、浜松市内に事業所をもつ「特例子会社」のCTCひなりから10名。近隣の福祉施設「就労継続支援B型事業所ひだまりの道」「多機能型事業所あぐり」から6名の人たちが京丸園に通って、それぞれの持ち場で働いています。その場合、京丸園が彼らを直接雇用するのではなく、「業務委託」という形で、仕事を発注しています。

図6－5　京丸園の構成員内訳

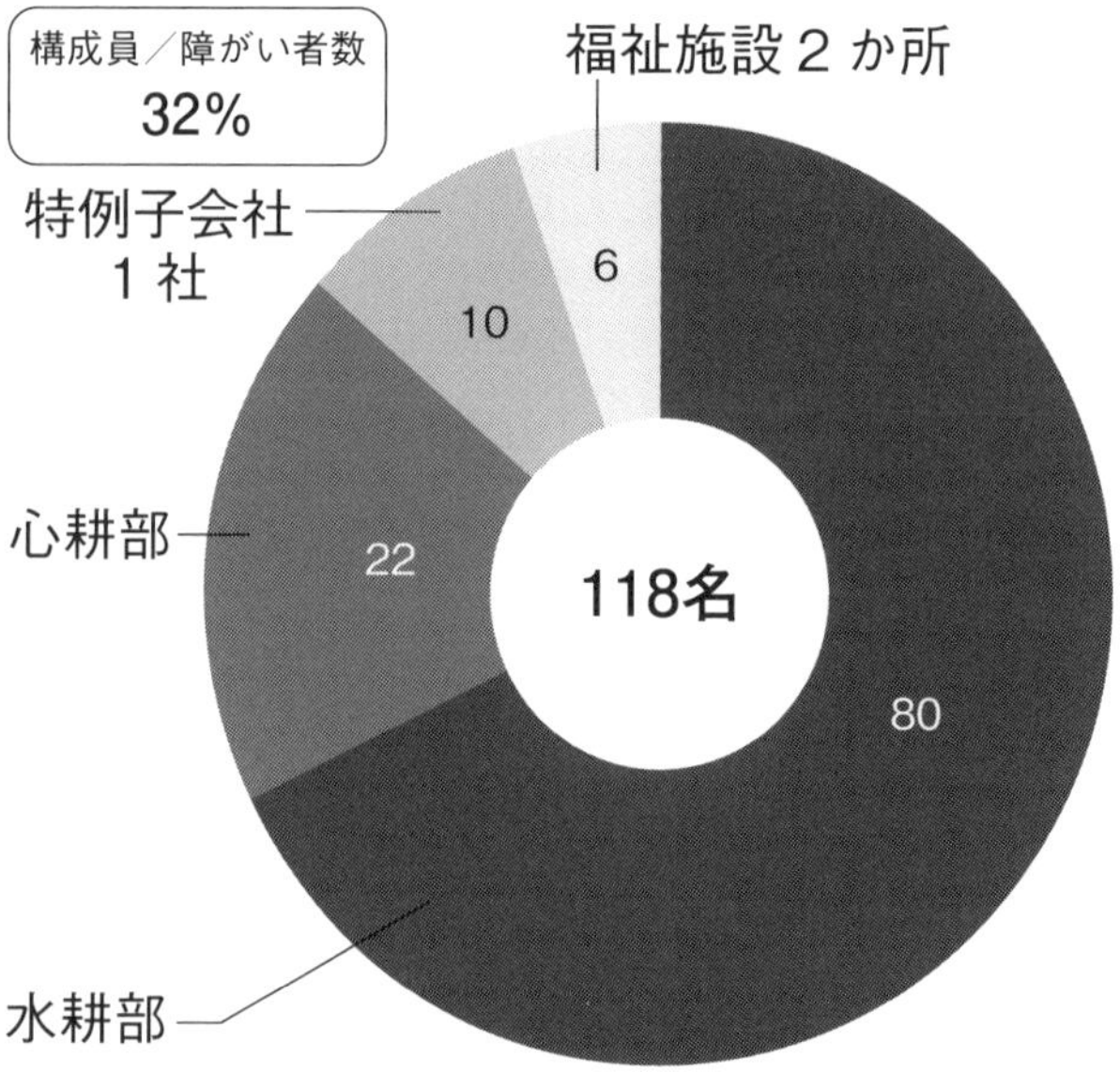

さて、ここに出てくる特例子会社とは、どんな会社なのでしょう？

先述したように、今、43・5人以上の従業員を雇用している企業は、障がい者を採用することが求められていますが、2・3%という法定雇用率に達することのできない企業が、全体の半数以上を占めているのが実情です。

大企業になればなるほど、多くの障がい者を雇用しなければなりません。社内の清掃や社員のマッサージ、社員の名刺の印刷などを担当するケースもありますが、それだけでは追いつきません。

そこで設立されたのが特例子会社制度です。厚生労働省の文書によると、

「『特例子会社』制度は、障がい者の雇用の促進及

図６－６　特例子会社の制度

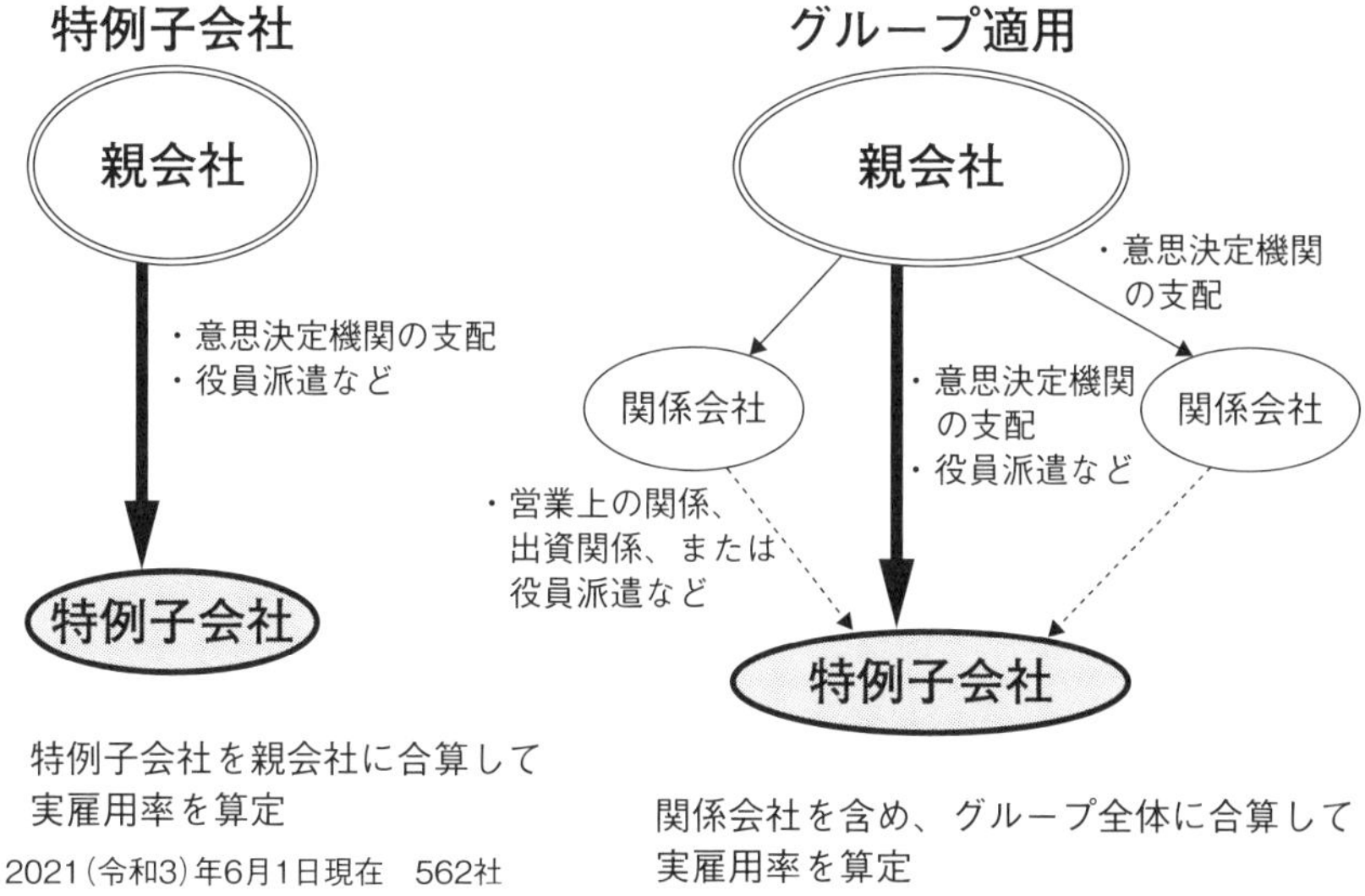

び安定を図るため、事業主が障がい者の雇用に特別の配慮をした子会社を設立し、一定の要件を満たす場合には、その子会社に雇用されている労働者を親会社に雇用されているものとみなして、実雇用率を算出できることとしている」

というもの。２０２１年６月の段階で、日本には５６２の特例子会社、３００ほどのグループ適用特例子会社が設立されています。企業は、法定雇用率を達成するために、別会社を設立して障がい者を雇用しなければなりません（**図６－６**）。時代はそこまで来ているのです。

障がい者を雇用したいけれど、自社には全員が活躍できる仕事場がない。そこで、障がい者雇用事業を、アウトソーシングしたい。その受け皿として「農業」という選択肢が浮上して、親会社に代わって農場をつくり、働く場を提供する企業も現れるほどです。

そんな流れの中で私たちは、12年前からＣＴＣひなりという特例子会社と連携して、事業を進めるようになりました。

■CTCひなりとの連携

ＣＴＣひなりは、前にも述べていますが伊藤忠商事グループの一つである伊藤忠テクノソリューションズ株式会社（ＣＴＣ）が、２０１０年４月に設立した特例子会社です。経営母体のＣＴＣはＩＴ企業で、親会社である伊藤忠商事グループの子会社の中でも、急成長を遂げた会社です。

そこでＣＴＣひなりの人たちは、グループ会社の清掃やユニフォームのクリーニング、社員のマッサージなどを担当するほか、この年の5月に浜松市にオフィスを開設。こちらではアグリサポート（農作業の請負）をメインに事業を進めています。

浜松のＣＴＣひなりでは、約30人の障がい者を雇用していて、周辺の農園と連携しています。京丸園には、そのうち10人が毎日通っています。私たちがお願いしているのは、1日2万本のミニチンゲンサイの収穫。各自に給与をお支払いするのではなく、京丸園がＣＴＣひなりに作業委託をして、そのぶんの料金を支払う形で契約しています。

ＣＴＣひなりの人たちは、毎日「ジョブサポーター」と呼ばれる会社の職員が運転する車に乗って、農園へやってきます。その日の作業に関しても、私たちが直接指示を出すことはなく、すべてジョブサポーターの指示に従って、作業を進めていきます。

ジョブサポーターやジョブコーチ、ジョブトレーナーとは、障がいのある人がいきなり職場へ出ても、戸惑ったり、困ったりしないように、現場の人とやりとりをする橋渡し役。農業現場の場合は、

「ちょっと水かけといて」→「バケツに何杯分かけましょう」

「チンゲンサイ収穫して」→「今日はこの列からこの列まで抜きましょう」

など、作業する人たちが混乱しないように、わか

りやすく「翻訳」する役目も担っています。それから プレッシャーに弱いタイプの精神障がい者に、気安く「がんばれ」と言わない。そんな気配りも必要で、各自の障がいのタイプや能力に応じて作業がスムーズに進むように指示をする、大事な現場監督役でもあります。

そんなCTCひなりの人たちは、りっぱな会社員。有名なIT企業の子会社の一員として採用されていて、作業能力も高い。最初から最低賃金以上で雇用されるレベルの人たちです。

このほか、地元で福祉事業を展開している「あぐり」はパネルの洗浄、「ひだまりの道」は定植と草取り、というように、それぞれ京丸園で行っている作業を分解して、それぞれのチームの能力に適した作業をお願いするようになりました。

自社雇用、地元の福祉施設との連携、そして特例子会社との契約……京丸園の仲間に、生産者と福祉、そして企業が加わったことで、ユニバーサル農業の新たな可能性が見えてきました。

人材を育てるために

障がい者に限らず、うちの農園ではいろいろな個性や特性、事情を抱えた人が働いています。そんな中でスタッフを教育していくには、一貫した教育プログラムにのっとった考え方の基準が必要になります。

というのも福祉の世界には、よく「すご腕」と呼ばれるジョブコーチがいて、その人の指導ならみんな従うとか、こだわりの強い利用者が、相性のいい特定の職員の言うことならよく聞く、だけど他の人ではうまくいかない……という現象が起こりがちです。でも、会社や農園の中で、担当者によって意欲が上がったり下がったり、仕事をやったりやらなかったりするのはとても厄介で、経営が成り立たなくなってしまいます。

そこには一貫した考えに基づいた教育プログラム

が必要で、社員たちには誰もが同じ考え方で、障がい者と向き合えるように、一つの考え方のベクトルを合わせることが必要になります。

そのために京丸園では、CL（Constructive Living＝建設的な生き方）教育法を採用しています。これは私が30歳のときに参加した「経営戦略講座」で、農業における経営の大切さを教えてくださったCLインストラクターの杉井保之先生のすすめで学ぶようになりました。2006年には、私もインストラクターの資格を取り、現在も杉井先生が主催する「静岡経営塾」に、毎月社員と一緒に通って学び続けています。CLは、今では京丸園の経営になくてはならない考え方の礎になっています。

森田療法・内観法＝CL

さて、CLとは、どんな教育法なのでしょう？

それはアメリカの文化人類学者、D・K・レイノルズ博士によって提唱されました。というと、アメリカ生まれと考えがちなのですが、実はもともと日本で生まれた「森田療法」と「内観法」がベースとなった教育法なのです。森田療法が、禅宗の考え方を活用した「自力的」なものであるのに対し、内観法は浄土真宗の考えに基づいているので「他力的」といわれています。

森田療法は、森田正馬《まさたけ》によって創始された、神経症に対する精神療法で、その基本には円環論という考え方があります。「絶対臥褥《がじょく》」といって2週間以上何もしないでベッドに横になって寝ている（トイレは除く）というもの。最近の森田療法はだいぶ変わってきたそうですが、基本は入院治療でした。神経症で行動が不自由な状態を取り除こうとするのではなく、逆に何もしないで寝ていると、何かしたいという「生の欲求（エネルギー）」が自然に強くなっていくという考え方に基づいています。

森田療法は、神経症の人の治療のためにつくられましたが、CLでは神経症的な状態がずっと続く

「神経症を患っている人」は存在しません。人は一瞬一瞬変わるので、「人は誰も時々神経症」と考え、入院などはせず、実際の生活の中で行動する方法を指導していきます。

続いて内観法ですが、これは奈良県の僧侶吉本伊《い》信《しん》が浄土真宗で行われていた「身調べ」から宗教色を抜いて研修法として確立したものです。1週間屏風の中にこもって、朝から夜まで、特定の人に「していただいたこと」「して返したこと」「ご迷惑をおかけしたこと」を調べる「集中内観」と、通常の生活をしながら、生活の中で「していただいたこと」「して返したこと」「ご迷惑をおかけしたこと」を調べる日常内観があります。

ＣＬ内観は、集中内観のように1週間屏風の中にこもることはありませんが、日常内観のように生活の中で実施します。また内観には、感謝の気持ちをつくるという目的がありますが、ＣＬ内観は感謝の気持ちをつくることではなく、事実を認め、事実に合った行動をすることが目的です。事実を認めて、事実に合った人間をつくろうとする。それがＣＬ森田療法とＣＬ内観法の目的です。

京丸園でのメンタルヘルス

ざっくり説明しても、ＣＬとはいかなる教育法なのか、よくわからないという人が大半だと思います。そこで、ここでは京丸園でのメンタルヘルスと障がい者雇用について具体的に紹介しましょう。

京丸園では、精神、知的、身体と異なる障がいのある人たちを雇用しています。一般的な福祉作業所では、同じ障がいのある人たちが集まって作業することが多いのですが、うちの農園では異なる障がいを抱えた人たちが、自分たちの特性を活かして健常者と一緒に働いて生産性を高めているのが特徴で、全国の作業所や農福連携の事例を見ても、きわめて稀なケースとなっています。障がいの有無に関係なく、スタッフの教育にＣＬを導入しています。

こうした作業形態を実現するには、標準化されたシステムではなく、一人一人に合った課題や作業の手順が必要になります。これを実現させるためにCLを導入しているのです。農園では森田療法の自力的な側面と、内観法の他力的な側面から一人一人に合った課題を与え、具体的な行動の指導を行うことが特徴です。

CLのベースには、「他人はコントロールできない」という考え方があります。その代わりコントロールできるのは自分の行動だけです。障がいのある人たちを、コントロールするのではなく、自分の農業現場を変える。そして個々人の能力を伸ばせるように課題を与えることも必要です。

そしてその課題を「やったか・やらなかったか」客観的に判断できる。○か×かで表現できる課題の出し方が重要で、△はNG。「これができたら時給が上がる」「次のステップに進んだら役職に就ける」など、明快な目標が持てることも必要です。

CL森田療法的な取り組み

一般的に農家では、一人の人間が種まきから収穫まで、一連の業務をこなしていますが、そうしたこれまでの「当たり前」のシステムが、障がい者雇用を阻んでいました。しかし、森田療法では「こうあるべき」というとらわれを捨てて、「あるがまま」を受け入れ、自分にできることに意識を向けることを勧めています。

- **作業の細分化**——そこで私たちは、業務を細分化して、個々人に合った作業方法、指示の具体化を行いました。森田療法的な考えを活かして、作業を細分化したことで、構造的な分業化を実現させました。そしてそれが収益の拡大につながっているのです。
- **あるがままを認める**——京丸園には、足に障がいがあり、歩行に時間がかかる人がいます。そんな彼のあるがままを受け入れ、野菜を育てるベンチの上をゆっくり進んで虫を吸い取る「虫トレーラー」の運転をお願いしています。

　この作業は急ぐと効果があがりません。ゆっくり動かすことで多くの害虫を捕獲でき、担当者も作業しながら歩行訓練ができるのです。

ミニチンゲンサイの定植

ミニチンゲンサイ収穫時のひととき

・**指示は具体的に――**「きれいにして」など、抽象的な指示は、人によって受け取り方がまちまちです。物事を自分で判断するのが苦手な知的障がいや精神障がいを抱える人たちに、曖昧な指示を出すと混乱することもあります。
　そこで「スポンジで裏表を2回ずつこすって」

ベッド掃除のため、パネルを持ち運ぶ

というように、誰にでも伝わる客観的かつ具体的な指示を出すことで、作業者のストレスを減らし、スムーズな作業に通じています。

- **大きな仕事は小さく**——農園の作業場は広いので、神経症傾向が強い人は作業量が膨大に思えて「こんなにたくさん、できるのだろうか?」と、精神的な負担になることがあります。

そこで、定植作業などでは「今日はここまで」と、その日の作業を明示するようにして、心理的な負担を減らすよう工夫を凝らしています。

- **自分で目標を設定する**——知的障がいのある人は、どうしても仕事がマイペースになりがちです。それでも「もっともっと」「早く早く」とせき立てるのではなく、どれだけやれるか自分で目標を設定してもらい、今どこまでやっているか一目で確認できるようにすることで、ストレスなく生産性を上げています。

- **ごほうびは後に**——そうして決めた目標を達成した人には、シールを渡して自分の日報に貼ってもらうようにしています。

まるで幼児のようですが、あるとないとでは大違い。このシールには「ごほうび」の効果があり、それによって1日の仕事の達成感が生まれます。目的意識をもった仕事につながっていきます。シールは「大変よくできました」「よくできました」「今日もありがとう」の3種類。一定の数に達すると、表紙に「ドラえもん」の大きなシールがもらえます。

CL内観的な取り組み

- **社内内観を発表**——日々の業務の中で、社員の中でも特に精神障がいを抱えた人の中には、被害者的な感覚をもつケースが少なくありません。そこでスタッフと社員が互いに「していただいたこと」を業務日誌とサンクスカードに書くようになりました。

これらの内容は、疲れが出始める昼休みに発表して、午後の活力につないでいます。発表の際、「誰に、何をしていただいたか」だけでなく、「誰が、そのことに気づいたのか」も合わせて発表するようにしています。こうした社内内観には、相互の信頼感、安心感を育む効果があります。

・「ありがとう」のハガキ――京丸園には年間約７００人の方が視察に訪れます。その際、いろいろな差し入れをいただいたりするのですが、そのお礼にみんなの笑顔のハガキをお送りしています。

仲間と一緒に写真を撮ることで連帯感が高まり、お客様から「していただいたこと」を確認する機会にもなります。

農業＋福祉＋企業＝三者の連携

静岡県の中でも、京丸園がある浜松市は、早くから農業と福祉の連携を進めてきました。今や福祉作業所に通いながら、農作業に従事する利用者のみなさんは、私たち農業経営者にとってなくてはならない存在になっています。これまで農園の歩みの中で、マンパワーだけでなく、福祉の方々の知恵や発想にヒントを得て、農園の経営に活かす場面もたくさんありました。

しかし、その一方で福祉との連携が始まった頃、たびたび不安に感じることもありました。福祉の力を借りなければ農業経営が回らない。つまり、国や自治体からの税金のサポートがなければ成り立たない状態では、これは産業といえないのではないだろうか？

農業と福祉が連携するだけでは、経営的にあまりにも不安定で、何かが足りない。

そうだ、民間企業の力を借りよう。今「障害者雇用促進法」では、企業は就業者の一定の割合で障がい者を雇用することが定められています。現在法定雇用率は2・3%。つまり1000人の会社なら23人、1万人なら230人の障がい者を雇用しなければならないのです。

法定雇用率が未達成の場合、法定人数に不足している障がい者一人当たり月5万円を徴収されます。つまり、その企業は障がい者雇用が一人不足するごとに年間60万円の雇用納付金を納めなければなりません。

企業がこの数字を実現するには、社内で事業を立ち上げるよりも、障がい者を雇用した実績のある外部の事業者と手を組んだほうがスムーズではないでしょうか？　そう考えたとき、農業はとても有効なパートナーなのです。農業と福祉の連携チームに企業も加わって、そこにある課題に一緒に取り組んでいく。企業が障がい者を雇用して、地元の農園でともに働く。草取りや収穫、出荷調整……その人の能力に応じた仕事ができるように、農業者と企業がアイデアを出し合い、働きやすい現場をつくっていきます。

SDGsの観点からも、障がい者だけでなく、社員の福利厚生や退職者の働き口としても、農場を活用していただく。静岡県では、農業と福祉と企業、この三者の連携モデルの構築に早くから着手しています。

目的は農業か福祉か

これから農福連携を始めたいという方へ、まずお伝えしたいのは事業の目的として、やるなら農業（アグリビジネス）か福祉事業か、このいずれかで、その中間の「農福連携」という事業はないということをお伝えしています。

農業で稼ぐために障がい者の力を借りたいのか（労働力）、それとも純粋に彼らの働く場所や生きがいづくりを目指して農業を始めたいのか（訓練）。目的や立ち位置を考えて、それをはっきりさせてから始めることが、とても重要だと思います。

午前10時のラジオ体操

サツマイモの収穫（土耕部）

最近は、新規事業を立ち上げるとき「農業は儲かりにくいから、農福連携で」と考える人もいます。また、農福連携を推進するプラットフォームとして、日本農福連携協会が設立され、障がい者や高齢者、生活困窮者などの農業分野への参画が盛んになってきています。

しかし、農業の経営体質を強化することを考えた場合、繰り返しますが目的や立ち位置をはっきりさせることが大切です。作物を栽培し販売して得た売り上げの中から、障がい者へお給料を手渡すのと、福祉事業の一環として野菜を栽培するのとでは、出発点が大きく異なるのです。

かつては家族経営で水耕栽培のミニ野菜を育てていた京丸園は、今、アグリビジネスを起点とした農福連携事業をとり入れ、経営の体質強化を図ろうとしています。最初は人手が足りず求人を出したとき、予想以上に障がいのある人とその親御さんの応募者が多く、熱心に「ここで働かせてください」と懇願されたことが、はじまりでした。

代役ではなく出発点

現に今も、人手不足で困っている生産者は多いと思います。そこで福祉の力を借りよう。障がいのある人に助けてもらおうという流れになったとき、最初はその力を借りるだけでもいいでしょう。だけどひとたび借りたなら、経営者は「うちの経営をさらによくしよう」。そして「農業そのものを強くしよう」という強い意志をもって事業に臨まなければ、彼らとの連携は続きません。

人手が足りなくて困っているから助けてほしい。ふだんの仕事の補助でいい。求人を出してもなかなか集まらないパートさんの代わりでいい。それだけでは続きません。

障がいのある人たちが作業に加わったことで、売り上げが伸びた。栽培面積が増えた。利益率が上がった……。それまでの農業経営がどう変わったか。その成果が証明できるまで続けようというのがユニバーサル農業で、「ただ単に、障がいのある人が働けてよかったね」で、終わってしまってはいけないのです。

作業中、ケガや事故が起こらないように農園を整理してレイアウトを考え、どの作業をどんな形で担当してもらえばスムーズに進むのか作業分担も考える。場合によっては福祉の専門家と相談し、必要な機械があれば導入する。きっちり利益を出して対価を支払うには、ユニバーサル農業の発想に基づいた、経営手腕が問われます。

もし、何かトラブルが起きて、「明日からもう来ません」と言われたら、どうなるでしょう？　一般の人を雇用できないから福祉の人たちにお願いしたのに、そこに嫌われてしまったら、もう二度と誰も来ません。

障がい者は、足りない人手の代役ではありません。新たに栽培のプロセスや経営を見直して、福祉の力と発想を借りて、自分たちの農業をさらによくするための出発点。そんな捉え方と覚悟も必要です。そしてまた、ともに働くことで、農園や経営を改善し続ける「本当に強い、持続可能な経営体」へ。ユニバーサル農業は、その可能性も秘めているのです。

第7章

UNIVERSAL AGRICULTURE

持続可能な ユニバーサル農業へ

これからのユニバーサル農業

障がい者雇用に取り組み始めて四半世紀。今、強く感じるのは、ユニバーサル農業を実現するために必要な農業者、福祉、そして企業、そして行政。この四つが連携して協力し合うことがいかに大切かということです。

静岡県の場合、農業法人協会に所属している生産者の中には、障がい者雇用に関心を抱く経営者が増えていて、それぞれ栽培している作物や施設、地域の条件にかんがみながら、これから広がっていくことが予想されます。

さらに近年は、企業の新規事業部の人たちも、農業を視野に入れています。民間企業の人たちは、経験のないままにいきなり農業を始めても、なかなか利益が出ないことは重々わかっていると思います。それでも地域の障がい者や定年退職者の雇用の場として、「農業を始めたい」と考えている経営者が増えているのはたしかです。

それから海外の人たちの関心も高まっています。京丸園には、これまで27か国の人たちが視察や研究対象として訪れました。先進国からの訪問者も多いですが、中には初めてその名を聞くような、アフリカや南米の島国の人たちも来ていました。

中でもいちばん視察が多いのは韓国。新型コロナウイルス感染症が流行する前までは、大学や農家の人たちがうちの農園にやってきて、熱心にリサーチしていました。韓国にはまだこうした試みがないのか、国が近いので私たちと波長が合うのか、理由はよくわかりませんが、早くから着目していただいたのはたしかです。京丸園を舞台にした絵本『めねぎのうえんのガ・ガ・ガーン!』(多屋光孫《たやみつひろ》著・合同出版)も、いち早く韓国語に翻訳されています。

そもそも世界中のどこの国にも障がい者はいて、世界中に農業がある。だから今「農業と福祉の連携と融合」は、どこの国でも追究されている研究テーマなのです。そして今、それで社会問題を解決していこうとするムーブメントが、国の大小に関係なく、国境や人種、イデオロギーを超えて、広がっているのを感じます。

ユニバーサル農業とスマート農業

「浜松市ユニバーサル農業研究会」は、農業者、福祉関係者、作業療法士、労務士……専門的な分野の方たち、関係者が登録していて、各現場で自分たちだけでは改善できない問題をあげて、みんなで知恵を出し合い解決していく。そんな目的を掲げて立ち上がりから、かかわらせていただいています。

同時に「スマート農業推進協議会」の発足にも立ち会い、会長も務めています。一般的にスマート農業というと、ＩＴやドローン、無人トラクタなどを連想することが多く、初期投資も莫大になるのでユニバーサル農業とは別ジャンルだと考える人もいるでしょう。

ところが、施設園芸におけるスマート農業には、障がい者をサポートしたり、不自由な手足を補強したり、苦手な作業を補完したり、さらにリハビリの効果もある。そんな機械の開発も欠かせぬ要素だと思います。さいわい浜松市内には、前に述べたように機械メーカーや工場がたくさんあるので、電子化や数値化、機械化に長《た》けています。

浜松市や静岡県には、商工会議所のみなさん、工業界には町工場の方々、いろいろな職種の人たちがいます。そんなみなさんに技術を提供していただいて、オーダーメイドに近い形で農業現場の改善をしていく。今、京丸園で使っている農業機械の多くは、そうして生まれました。京丸園が板橋工機さんの力を借りて、一つ一つ新しい機械を開発してきたように、地元企業の力を借りて、スマート農業のいいとこ取りをして段階的にスマート化を進めていくことも、農業のあり方の一つの方向だと思うのです。

■セニアカーで配達を

スズキ（スズキ株式会社）の「セニアカー」という乗り物をご存じですか？

免許のいらない電動車両で、障がいのある人たちや運転免許証を返納したお年寄り向けに開発されました。足の不自由な人が自由に出歩けるように。高齢のおじいさん、おばあさんが移動や買い物に不自由しないように。乗ったままスーパーマーケットに入っていってもよいのです。

私はこれがもっと普及したら、移動手段としてだけでなく、商品の配達もお願いしたいと考えています。つまり、障がいのある人や高齢者が自宅から京丸園に通うまでの通勤経路にある飲食店に、うちの野菜を配達してもらう。いわば「食材版ウーバーイーツ」のような役割仕事です。

重度の障がいがあっても、セニアカーや電動車椅子に乗れる人たちなら、商品を配達することができるんじゃないか。今、物流費がものすごく高騰していて、多くの経営者は頭を抱えています。そんなに遠い場所ではないのに、宅配便を使ったり、従業員が車やトラックに野菜をのせて街を走ると、ものすごく高いものになってしまう。それを通勤途中の障がい者や高齢者にお願いできたら、通勤費が配達費に変わる。彼らが動くほど儲かる仕組みがつくれるのでは……。そんなことを考えています。

私が20歳で農業を始めたときは、「10年後はベンツに乗ろう」と思っていました。バブル真っ盛りの80年代は、世の中全体がそういう雰囲気でもありました。そんな私は、農業を始めて30年以上経ちますが、結局いまだに外国車には乗っていません。負け惜しみではないですが、逆にそうした車への興味は薄れて、障がいのある人たちの体力や能力に合わせたマシンをオーダーメイドに近い形でつくるほうが、俄然面白くなってきたのです。

その子の能力を活かせる機械ができて、仕事量や

障がい者、高齢者の足として、期待の高まるセニアカー

時給もアップ。農園全体の生産力を上げて、結果的に彼らの給料を上げることのほうが、純粋に「楽しい」と思えるのです。自分自身が高級なブランド品を身につけているよりも、自分の考えや働きのおかげで、誰かが笑っていることのほうがうれしい。それはまた、30歳でたどり着いた「笑顔創造」という経営理念にも通じています。

植物工場とユニバーサル農業

最近は、新事業を立ち上げて農業に参入する企業も増えています。そのとき取り組みが多いのは、システムを活用したイチゴやトマトの養液栽培。また、完全に日光を遮断して、ＬＥＤ照明でレタスや葉物を栽培する植物工場の例もあります。こうした栽培方法は、一般的に天候や土の状態に左右される露地栽培や職人的な技術を要する従来型の施設園芸に比べると、未経験者でも参入しやすく、栽培にも取り組みやすいと言われています。

ただ、こうした環境制御型の栽培システムというのは、初期投資に膨大なコストがかかるだけでなく、最初から健常者が働くことを前提にシステムが構築されているのです。そもそも植物工場というのは、極力人を減らしたい。人員を削減して、人件費を減らし、最低限の人員で最大限の利益を生み出そうとする経済効率優先の発想から生まれたシステムなのです。そこへ障がいがあったり、多彩な人材を入れて稼働しようとしても、なかなかうまくいきません。

農業の栽培システムを構築する際、トマトやレタスなどの作物からデザインするのが一般的ですが、ユニバーサル農業は、あくまでも人からデザインするシステムなのです。根本的に視点が違う。誰が、どんな作業をするために必要なのか。人を起点にデザインして、ビジネスを構築していく。その先に何が起きるのか。そこが面白い点です。これからは施設園芸の世界にも、「人間起点」の発想で柔軟に取り組める栽培法が生まれれば、福祉と農業は同時に発展できるのではないでしょうか?

次世代に続く農業を

鈴木家は浜松で十三代続いた農家であり、法人化したことで働く人間も増えました。代々受け継いだ農地と栽培技術、経営のノウハウを、次の世代につなぎたい――そう考えるとき、ユニバーサル農業の発想や考え方は欠かせないと考えています。

正直新型コロナの影響で、京丸園のミニ野菜にご愛顧いただいていた飲食店がピンチに立たされて、「この先どうなるんだろう」と、先行きの見えない時期もありました。売り上げや目標が下がった部分もありましたが、なんとかこれまで雇ったスタッフを辞めさせることはありませんでした。

ただ、一時期生産量が減った影響で、障がいのあるスタッフの勤務時間やシフトを変更したために、

地域での連携を図りながら、スタッフとともにユニバーサル農業を推進

それまでの生活リズムが崩れて体調を崩した人がいました。彼らにとって規則正しい生活はとても大事で、ちょっとした波が起きると体調を崩してしまう。経営者としてそこに対応できなかったのは、申しわけなかったです。

京丸園のミニ野菜はとても特殊な作物で、おそらく同じものを、同じ量だけ、安定的に、同じクオリティでつくり続けることのできる農園は、ほかにないと思います。それなりに手間もかかりますし、超密植で育てる特殊な技術も必要です。

「芽ネギの栽培方法を教えてほしい」とやってくる人は、これまで何人もいましたが、基本的に技術は教えていません。それでも、

「障がい者雇用やユニバーサル農業の考え方でやるなら、ちょっと考えますよ」

と言うと、たいがいの人は、

「じゃ、いいです。そんな気はありません」

と言って、立ち去って行きました。それ以上お引き留めはしませんでしたが、本当にそれでいいので

すか？　障がい者を受け入れて一緒に働いてきたからこそ、京丸園はここまで成長できたんです。それにはユニバーサル農業の視点や考え方が、不可欠なのに……。

立ち去る人の背中に向かって、私はいつも心の中で呼びかけてきました。

GAPとユニバーサル農業

さて、「農福連携」や「スマート農業」と同時期に関心が高まり、取り組む生産者が増えているジャンルにGAP《ギャップ》があります。日本語では「農業生産工程管理」と呼ばれていて、Good（適正な）、Agricultural（農業の）、Practice（実践）を意味しています。

端的に説明すると、農作物の生産工程管理において、食品安全はもちろん、環境保全、労働安全、人権保護、農場経営管理といった観点から適切に生産管理がなされているかを証明することを目指した第三者認証制度のこと。

具体的には、そこで栽培している作物は安全か？　働いている人の人権が守られていて、作業中に危険が及ぶことはないか？　農地は健全に保たれていて周囲の環境を汚すことなく、持続可能な農業を実践しているか……について専門の審査員による審査が行われます。そして、農業者自身がよりよい生産活動を持続させるための改善点を見つけ、経営に活かすという一面もあります（**図7-1**）。

GAPそのものは、1990年代から、ヨーロッパを中心に広まりました。EU（ヨーロッパ連合）諸国で農産物を流通させるには、認証が必要になったので、日本では農産物をヨーロッパへ輸出する生産者が最初に取り入れました。その後、ロンドン（2012年）、リオデジャネイロ（2016年）で開催されたオリンピック・パラリンピックでは、選手村で使用される食材は、GAP認証を取得した生産者のものに限定されるようになります。

図７－１　GAPの手法

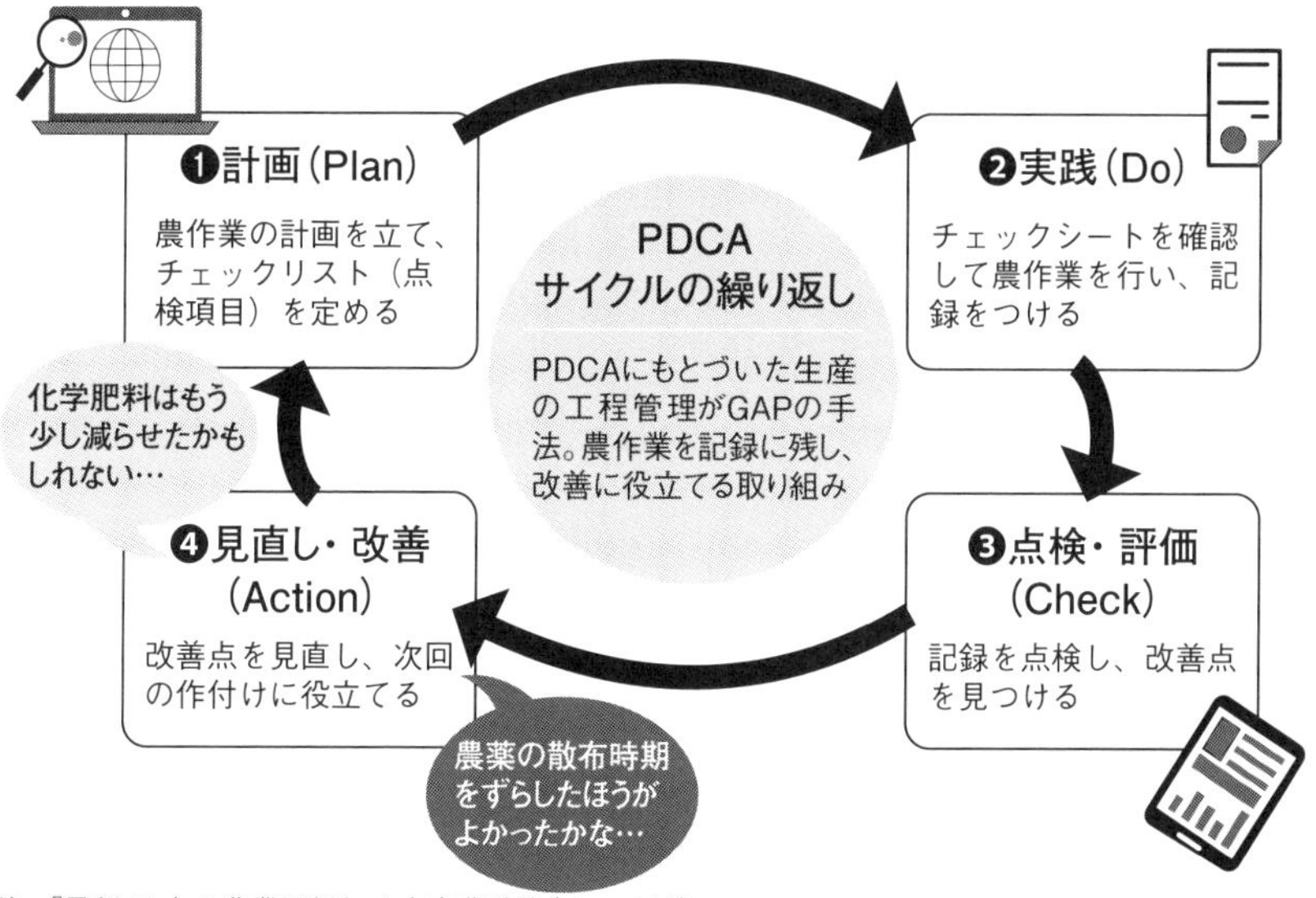
❶計画（Plan）
農作業の計画を立て、チェックリスト（点検項目）を定める
❷実践（Do）
チェックシートを確認して農作業を行い、記録をつける
❸点検・評価（Check）
記録を点検し、改善点を見つける
❹見直し・改善（Action）
改善点を見直し、次回の作付けに役立てる
PDCA
サイクルの繰り返し
PDCAにもとづいた生産の工程管理がGAPの手法。農作業を記録に残し、改善に役立てる取り組み
化学肥料はもう少し減らせたかもしれない…
農薬の散布時期をずらしたほうがよかったかな…

注：『最新 日本の農業図鑑』八木宏典監修（ナツメ社）

その流れを汲んで、「東京２０２０オリンピック・パラリンピック競技大会」（開催は２０２１年）でも、選手村で提供される食材には、ＧＡＰ認証が必要となり、日本でも生産者の関心が一気に高まりました。ＧＡＰは現在、世界の各地域でそれぞれ独自に制度化されていて、世界基準の「GLOBAL G.A.P.」、日本発の「Ｊ《ジェイ》ＧＡＰ」があります。

実際のＧＡＰの審査は、日本ＧＡＰ協会からの審査員が農園にやってきて、圃場や倉庫、休憩室……あちこちをチェックしながら質問をします。ですが決して資格審査ではありません。「よりよい農業経営」を実現するためには何が必要か、どこを改善していけばよいのか。あくまでも農業者自身が気づき、取り組むことが基本です。

まだ日本でなじみが薄かった頃、ＧＡＰは「農産物の輸出に有利」とか、「差別化を図って高価格で販売できる」と捉えられがちでした。ですがＧＡＰの真の目的と本質はそこにはありません。

「ではなぜ手間と時間と労力、場合によってはコストをかけて、わざわざ農園をあちこち点検して見直したり、こと細かな栽培履歴をつけたり、農薬や瓶や肥料袋を整理整頓しなけりゃいけないの？」

という疑問が生じるかもしれません。それでも実際に審査を受けてみると、ユニバーサル農業とＧＡＰには共通点が多く、目指す方向にも両者に通じるものがあると感じています。

GAP審査による気づき

京丸園でもそんな流れを受けて、ＪＧＡＰ認証農場取得に向けて準備を進めることになりました。実際に審査を受ける前に、農場全体を点検しよう、その際、経営者の私ではなく、社員に主役になってもらおう、ということで、うちの統括本部長、ベテラン社員の村瀬治彦を中心にＧＡＰの取り組みを進めました。

まず、村瀬自身がＪＧＡＰ指導員の資格を取り、さらに審査員補になって、審査員の目で農場を見るようにしました。こうして村瀬を中心に改革を推進。さらに生産部長で若手の川口久寿《ひさとし》と、生産部の加藤大幸《ひろゆき》も指導員の資格を取得。そして最後に社長の私が指導員の資格を取り、６年がかりで取り組みました。

職場の問題点を洗い出しながら、一つ一つ改善していく取り組みは、社員だけでなくパートさんにも波及しました。責任者の村瀬がベテランのパートさんをリーダーに抜擢したら、自分から進んでどんどん改善策を提案してくれるようになり、ＧＡＰに関する社員のミーティングにも「参加したい」と言ってくれました。村瀬が、

「出ていただいても夕食のカレーが出るくらいで、パート代はお支払いできませんよ」

と言ったら、「それでも参加したい」と言ってくれました。こんなふうに、ＧＡＰというのは農園の規模や組織が大きければ大きいほど、経営者や責任者だけでなく、働くみんなを巻き込んで取り組むも

の。そうすることで女性スタッフのモチベーションも上がりました。

こうした準備期間を経て、京丸園は２０１３年11月にＪＧＡＰの審査を受けました。審査当日、ＪＧＡＰ上級審査員の富田浩司《こうじ》さんがやってきて、農園を見て回りました。

障がい者とともに働く私たちは、常々農園や休憩スペースのバリアフリー化、掃除の徹底、ハサミやバケツなどの道具の置き場を決めて必ず元の位置に戻すなど、整理整頓に力を入れてきたつもりでしたが、いざ第三者の目で見ると、新たな発見の連続でした。いくつか例をあげてみましょう。

農薬と肥料の管理

- 肥料は出入庫記録と在庫記録が随時記録されているのに、農薬は月末の棚卸の日にまとめて記録されている。
- 袋ごと使う肥料と違い、農薬は1本の瓶に入った薬剤を何度も分けて使うので、在庫の管理方法に工夫が必要。◯ccとか、◯gなど、使用量の正確な記録を取る方法もある。
- 肥料は種類ごとに分類し、パレットに分けて保管。農薬は鍵のかかる棚に保管しているが、現状では「肥料置き場に農薬を保管している」状態に。場所をしっかり分けるゾーニングが必要と指摘を受ける。

種苗の管理

- ミツバの「立ち枯れ病」は、種子の表面についた水洗いでは落とせない付着菌が原因となるので、種子消毒が欠かせない。その作業を担当する従業員の防護衣、防護マスク、保護メガネ、ゴム手袋、長靴などもチェック。
- 二槽式洗濯機の洗濯槽で農薬の付着した作業着を、脱水機で種子の脱水を行っていたが、富田さんから「リスクコントロールのために、洗濯機と脱水機を別々にするだけでなく、置き場所も離したほうがよい」との指摘を受けた。

JGAP上級審査員からも絶賛された「虫トレーラー」の稼働

・「種子消毒用」と「農薬用」のバケツには、ラベルを貼って明確に使い分けているが置き場は一緒だった。「明確に置き場所を分けたほうがいい」との指摘。

虫トレーラーの効果

・ゆっくり進むことで害虫を捕獲し、農薬使用量を減らした「虫トレーラー」については、富田さんも「すばらしい!」と絶賛。ただし、トレーラー内の虫を集める蛍光灯が「万が一割れたとき、作物に破片が落ちない工夫が必要」と富田さん。これは盲点だったと実感。

自分たちで問題点に気づき、いろいろ改善してきたつもりでも、審査員が第三者の目で見るとまだまだ盲点があったことに気づかされました。

日々の栽培と経営の中で、まだまだGAPに対する取り組みは続いています。検査項目は多岐にわたっていて、記録をつけたり、薬剤や器具を整理し

表７－２　農場・農産物の認証、認定（京丸園）

登録番号220000014

JGAP 認証農場取得（2013 年。JGAP 認証農場ロゴマークは、JGAP 認証を取得した農場、またはその農場から出荷された認証農産物であることを表す。日本 GAP 協会）

しずおか食セレクション認定（姫ねぎ 2011 年、ミニちんげん・姫みつば 2014 年）

しずおか農林水産物認証（2017 年）

たり、ラベルを貼ったり、やることは多岐にわたります。それでも、「安全性の高い作物を、安全につくる」「働く人が安全で快適に働ける労働環境を」「この地で環境に配慮して、持続可能な農業を」。この三つを目指して、よりよい農業を目指し続けることはまた、ユニバーサル農業の実現にも通じるのだと思います。

ちなみに京丸園では２０１３年に「ＪＧＡＰ認証農場」を取得し（**図７‐２**）、２０１８年にＧＡＰ普及大賞を受賞。また、２０１９年に第48回日本農業賞大賞、第58回農林水産祭天皇杯などを受賞したことをつけ加えておきます。

■オランダのケアファームにて

ＧＡＰを経験した生産者の間では、

「農場がきれいになって、よかった」

「ずっとやりたかったのに、なかなかできなかった掃除と整理ができるいい機会だった」

という声が多いのもたしかです。

私たちもGAPの審査を経験して、一つ思い出したことがありました。それはオランダで訪ねた「ケアファーム」の光景です。

オランダのケアファーム

オランダには、ケアファームと呼ばれる農園があり、福祉農園の一つの確立されたスタイルになっています。日本のユニバーサル農業にはこれに通じるものが大きいので、私は現地へ赴いて調査させていただいていました。
ひと口にケアファームといっても、規模や内容、栽培している作物は、じつにさまざま。重度の障がいのある子どもたちをケアする農園もあれば、ホームレスや犯罪者の更生を目指す農園もあります。どの農園にも共通しているのは、畑もハウスも作業場

野菜苗などを植えつける

も農機具小屋も、とてもきれいに整理されていることです。

私がケアファームを訪問したとき、まず園主にこんな質問をしました。

「重度の障がいのある人や、農作業をする前に訓練が必要な人を農園に迎え入れたとき、まず初めに教えることはなんですか？」

するとそのオーナーさんは、

「ちょっと来てごらん」

と、私を作業場へ連れていきました。壁には移植ゴテ、掃除用のホウキ、ちり取り、鎌やハサミなど、必要な道具が決められた場所に、順番通りに、

ケアファームの道具置き場（オランダ）

あるべき所にあるべき物が整然と並ぶ（オランダ）

京丸園の整理された道具置き場。ユニバーサル農業の一歩はここから始まる

決められた位置に並んでいます。それはまるで絵葉書に収めたくなるように、整然と美しく並んでいるのです。

「自分が使った道具を、きれいに洗って、元あった場所にきちんと戻す。まずそこから教えます。そして、それができるようになったら、草取りや種まきを教えます」

使った道具をきれいにして、元あった場所へ戻す。こういうことができないと、よい農業はできないとも話していました。これは障がいがあってもなくても、家族経営でも法人化した農園でも、小規模でも大規模でも、鍬一本のシンプルな農業でも、露地でも施設園芸でも、無人トラクタやドローンを使ったＩＴ農業でも、国や気候、土壌や栽培条件にかかわらず、すべての農業に通じる「最初の一歩」。どんな農業でも、そこから始まるのです。

ユニバーサル農業は、これまでになかった新しい考え方に基づいたスタイルですが、条件に恵まれた限られた人にしかできないものではありません。「始めたい」と思ったら、自分の栽培や農業経営に、誰もがとり入れることができます。

障がいや事情のある人と、ともに働く。そして課題や問題にぶち当たったら、周囲の人の多様な価値観や視点を借りて、解決していく。ともに働く人の個性を活かし、不自由だったり、足りないところがあったりしたとき、知恵を出し合って、互いに成長していく……。

それは単に人に優しいだけでなく、農園を持続可能な経営体に成長させ、「本当に強い農業」に通じるのだと思います。これからあなたも、そんな農業を始めてみませんか？

◆主な参考文献一覧　＊順不同

『園芸福祉入門』日本園芸福祉普及協会編、創森社
『福祉のための農園芸活動』豊原憲子ほか著、農文協
『実践事例　園芸福祉をはじめる』日本園芸福祉普及協会編、創森社
「農業分野における障害者就労マニュアル」農林水産省経営局
『農業分野における知的障害者の雇用促進システムの構築と実践』大澤史伸著、みらい
『グリーン・ケアの秘める力』近藤まなみ・兼坂さくら著、創森社
『農の福祉力～アグロ・メディコ・ポリスの挑戦～』池上甲一著、農文協
『農福連携による障がい者就農』近藤龍良編著、創森社
『植物と人間の絆』チャールズ・A・ルイス著、吉長成恭監訳、創森社
『農福連携の「里マチ」づくり』濱田健司著、鹿島出版会
『ソーシャルファーム～ちょっと変わった福祉の現場から～』NPO法人コミュニティシンクタンクあうるず編、創森社
『農の福祉力で地域が輝く～農福＋α連携の新展開～』濱田健司著、創森社
『農福一体のソーシャルファーム～埼玉福興の取り組みから～』新井利昌著、創森社
『めねぎのうえんのガ・ガ・ガーン！』多屋光孫 文･絵、合同出版
「“笑顔”つなぐはままつのユニバーサル農業～農業と福祉のいい関係～」浜松市産業部農業水産課
『日本でいちばん大切にしたい会社』坂本光司著、あさ出版
「CL（建設的な生き方）教育法～あなたに合った生き方を～」オリジン・コーポレーション

収穫したばかりの「姫みつば」

あとがき

農家の長男として生まれ農業高校や農林短期大学校で学び、30歳まで農業一筋でやってきました。そんな私の目の前に、障がい者と母親が現れて「給料はいらないから働かせてほしい」と懇願され、彼らから「働くことの意味」を学びました。特別支援学校の先生や障がい者を支援する方々からは、彼らとともに働けるような知恵と同時に「そんな作業指示だから農業が衰退するのだ！」と農業の弱点を教えていただきました。

また、福祉の意味を「弱い人を助けること、施すこと」と勘違いしてた私に、大学校の先生は福祉とは、「互いにしあわせになること」だと諭し「障がい者雇用をすすめ、農業ビジネスにしっかり取り組みなさい」と背中を押してくださいました。さらに経営コンサルタントの杉井保之さんからは、「農業者から農業経営者になりなさい。なぜ農業をするのか？　どんな農園にしたいのか？　どんな仲間と歩むのか？」この問いを常に考え続けるのが経営だと教わりました。農業の表面的なことしか知らなかった私は、数々の出会いの中でユニバーサル農業に必要な福祉や教育、経営を学ぶことができました。

今回、題名を「ユニバーサル農業～京丸園の農業／福祉／経営～」とさせていただいたのも、この本を読んでくださった方々が「～私の農業／福祉／経営～」の答えを考え、それぞれのユニバーサル農業に挑戦していただけることを願い、命名しました。一つの肩

笑顔創造がモットーの農園（左は妻の緑さん）

書、農業や福祉にとどまることなく、複数の／（スラッシュ）を持つことでそれだけ問題解決の糸口が増えます。現に福祉が農業の課題を解決し、農業経営が成り立つことで障がい者の職域と雇用が広がりました。ここからたくさんの知恵が集まり、多様な人たちが活躍する場が全国、世界に広がることを念じています。

一つの事例紹介として、京丸園では視察の受け入れを行っています。今までに、世界27か国、全国47都道府県、分野では農業、福祉、企業、研究機関、幼・小・中・高・大学生、行政のみなさんが農園にお見えになり、意見交換をさせていただいています。私たちのスタートがオランダであったことを思うと、ユニバーサル農業は国内のみならず万国共通のテーマであることを感じます。

２００９年と２０１１、２０１２年に前述の杉井保之さんとともに日本産業カウンセリング学会にて「障がい者雇用とConstructive Livingを活用したメンタルヘルスの取り組み」を発表しました。杉井さんより「この取り組みを本にまとめるといいですよ」と言われたのですが、その段階では出版化について想像すらできませんでした。

また、２０１９年に農林水産祭天皇杯などを受賞した際、これまでにもご縁のあった創森社の相場博也さんに「そろそろユニバーサル農業について本をつくりましょう」とお声がけをいただきました。姪の露木春那の助けを借りて、どんな本にするかの構想をまとめ、副題に「農業／福祉／経営」を入れることを決断。その後、ライターの三好かやのさんのご協力を得たりしながら、ようやく一書にまとめることができました。ここに記して関係各位のご協力に深く感謝申し上げます。

著　者

特定非営利活動法人しずおかユニバーサル園芸ネットワーク

〒435-0022 静岡県浜松市南区鶴見町380-1（京丸園株式会社内）

TEL 053-425-4786（京丸園）

浜松市ユニバーサル農業研究会

〒430-8652 静岡県浜松市中区元城町103-2

（浜松市役所産業部農業水産課内）

TEL 053-457-2333 ／ FAX 050-3606-6171

京丸姫シリーズ

静岡県立浜松特別支援学校

〒430-0844 静岡県浜松市南区江之島町1266-2

TEL 053-425-7461 ／ FAX 053-425-6410

CTCひなり株式会社

〒105-6909 東京都港区虎ノ門4-1-1 神谷町トラストタワー

TEL 03-6403-6600（代表）

板橋工機株式会社

〒410-0315 静岡県沼津市桃里561-1

TEL 055-966-1246 ／ FAX 055-966-6769

一般財団法人 日本GAP協会

〒102-0094 東京都千代田区紀尾井町3-29 日本農業研究所ビル4階

TEL 03-5215-1112 ／ FAX 03-5215-1113

◆インフォメーション（本書内容関連組織など）

＊2023年1月現在

JAとぴあ浜松
〒431-3193 静岡県浜松市東区有玉南町1975
TEL 053-476-3111 ／ FAX 053-476-3180

JA静岡経済連
〒422-8620 静岡県静岡市駿河区曲金3-8-1
TEL 054-284-9700 ／ FAX 054-283-0734

静岡県西部農林事務所
〒430-0929 静岡県浜松市中区中央1丁目12-1
TEL 053-458-7203 ／ FAX 053-458-7168

芽ネギ

農事組合法人フラワービレッジ倉渕生産組合
〒370-3403 群馬県高崎市倉渕町水沼69-1
TEL&FAX 027-378-3310

しゅん助寿司
〒433-8125 静岡県浜松市中区和合町27-296
TEL 053-472-0248

オリジン・コーポレーション／一般社団法人日本CL学会
〒425-0041 静岡県焼津市石津679
TEL 054-656-2040

サラダミズナ

浜松市（産業部農林水産課）
〒430-8652 静岡県浜松市中区元城町103-2
TEL 053-457-2111（代表）

医療法人社団障害者就業・生活支援センターだんだん
〒434-0043 静岡県浜松市浜北区中条1844
TEL 053-545-3150 ／ FAX 053-545-6050

京丸園株式会社

2004年10月に法人化（代表取締役鈴木厚志）。水耕栽培で芽ネギ、ミニチンゲンサイ、ミニミツバを生産。パートタイマーを含む従業員102名のうち、22名が障がい者（心耕部所属）。作業工程を分解、細分化して各工程の流れ、手順を明確化、標準化。より多くの障がい者の受け入れが可能となり、民間企業の特例子会社の障がい者なども積極的に受け入れ、売り上げを大幅に伸ばす。多様性のある組織構成で経営の拡充を図る。

食の安全や環境保全に取り組む農場に与えられる認証制度「JGAP認証農場」を取得し、2018年にGAP普及大賞、2019年に第48回日本農業賞大賞、第58回農林水産祭天皇杯、2021年にノウフク・アワード2021グランプリ、2022年に障害者雇用優良事業所厚生労働大臣表彰などを受けている。

京丸園株式会社
〒435-0022　静岡県浜松市南区鶴見町380-1
TEL053-425-4786／FAX053-425-5033
E-mail：info@kyomaru.net

主力のオリジナル野菜「姫ねぎ」

●

デザイン―――塩原陽子　ビレッジ・ハウス
イラスト―――楢 喜八
写真協力―――京丸園　吉田 茂　三好かやの
フラワービレッジ倉渕生産組合
合同会社みつばち社　ほか
校正―――吉田 仁

著者――鈴木厚志（すずき　あつし）

京丸園株式会社代表取締役。

1964年、静岡県浜松市生まれ。400年続く農家の13代目。静岡県立農林短期大学校（現、静岡県立農林環境専門職大学）卒業後、親元就農して施設園芸を受け持つ。2004年、小型野菜の水耕栽培などを行う京丸園を法人化。芽ネギ、ミニミツバ、ミニチンゲンサイなどのオリジナル野菜を栽培し、JAとぴあ浜松・JA静岡経済連などを通して全国各地へ周年出荷している。また、1996年から障がい者や高齢者を雇用し、福祉関係や機械メーカーなどとの農福連携を図りながら働きやすい作業体系をつくり「農業経営におけるしあわせの追究」をテーマに持続可能なユニバーサル農業の確立を目指す。

浜松市ユニバーサル農業研究会会員、特定非営利活動法人しずおかユニバーサル園芸ネットワーク理事、静岡県立農林環境専門職大学客員教授なども務める。

〈まとめ協力〉

三好かやの　宮城県生まれ。食と農の世界を中心に、全国各地の生産現場を訪ね歩く。著書に『私、農家になりました』、『東北のすごい生産者に会いに行く』（ともに共著）など。

ユニバーサル農業《のうぎょう》～京丸園《きょうまるえん》の農業《のうぎょう》／福祉《ふくし》／経営《けいえい》～

2023年２月８日　第１刷発行

著　　者――鈴木厚志《すずきあつし》

発 行 者――相場博也

発 行 所――株式会社 創森社

〒162-0805 東京都新宿区矢来町96-4

TEL 03-5228-2270　FAX 03-5228-2410

組　　版――有限会社 天龍社

印刷製本――中央精版印刷株式会社

 ISBN978-4-88340-360-8 C0061